아가야, 지금 이 음악 듣고 있니?

아가야, 지금 이 음악 듣고 있니?

아가야,
지금 이 음악
들고 있니?

권순훤 지음

Denstory

차 례

임신 후기(29~40주)

너의 얼굴을 그려보았어
매일매일
너를 기다려

프롤로그

"축하합니다. 임신입니다."

산부인과 의사 선생님의 이 말은 '부모 선고'나 다름없습니다. 진정한 행복함과 동시에 무거운 책임감을 느끼게 하는 말이죠. 그러나 우선은 부모가 되는 첫 관문을 통과한 것을 마음껏 자축하길 바랍니다. 물론 앞으로 태어날 아이는 여러분 삶에 크나큰 고난을 주기도 할 겁니다. 그러나 장담하건대, 그보다 훨씬 큰 기쁨과 행복을 순간순간 느낄 수 있을 겁니다.

상상해보세요. 아이가 태어나는 순간, 처음으로 몸을 뒤집는 순간, 생애 첫걸음마를 시작하는 순간, 그 작은 입으로 엄마·아빠를 부르는 순간, 어린이집에 씩씩하게 다녀오는 순간, 유치원에 입학하는 순간…….

상상만으로도 마음이 벅차오르지 않나요? 이런 감동은 오로지 부모가 되어야만 제대로 느낄 수 있는 특권입니다. 저 역시 앞으로 다가올 새로운 순간들이 기대되고 설렙니다.

르네상스 시대의 유명한 예술가인 '레오나르도 다빈치'는 죽는 순간 "나는 내 인생을 허비했다"라는 말을 남겼습니다. 영화로운 삶을 누린 천재가 왜 이런 말을 남겼을까요? 해석이 분분하지만, 가장 유력한 가설은 그에게는 자식이 없었다는 겁니다. 자신의 분신을 남기지 못한 것에 대한 회한이 서린 한탄이었다는 것이죠.

여러분보다 먼저 부모가 된 입장에서 한 말씀 드리자면, 배 속에서 자라고 있는 소중한 나의 분신에게 항상 최선을 다하길 바랍니다. 그리고 항상 최고의 컨디션을 유지하길 바랍니다.

임신 사실을 알게 되자마자 가장 먼저 떠오르는 단어가 바로 태교인데요, 세상에서 가장 쉬운 태교는 단언컨대 음악 감상입니다. 귀만 열어놓고 있으면 저절로 마음이 안정되니까요.

그리고 누가 뭐라 해도 태교음악 하면 클래식이지요. 무려 200~300년 동안 생명력을 유지했다는 것은 그만큼 많은 사람들이 공감한다는 이야기잖아요? 생각해보세요. 여러분들은 10년 전에 유행했던 대중음악 중 몇 곡이나 기억하나요?

이 책에서 저는 수백 년 농안 선 세계인들의 사랑을 받고 있는 최고의 클래식 음악을 음악인의 관점으로 소개하고자 합니다. 또한 여러분보나 조금 일찍 아빠가 되어 살아온 제 소소한 이야기들을 풀어냈습니다. 부디 여러분의 소중한 분신, 태아를 위한 좋은 선물이 뇌기들 진심으로 기원합니다.

2016년 가을 권순환 드림

안녕, 아가야!

꿈결처럼 찾아온

너를 환영해

아기가 찾아온 걸 처음 알게 된 날

● 헨델 〈수상음악〉

"나 임신했어."

이 말을 듣는 순간, 저는 사실 당황스러웠습니다. 아직 결혼도 하지 않았거니와 미래에 대한 계획도 확실치 않던 시절이었거든요.

하지만 천륜이라는 건 어쩔 수 없는 것 같아요. '내 아이가 생겼다'는 말에 자연스럽게 나온 첫마디가 "빨리 좋은 거 먹으러 가자!"였으니까요. 아빠로서, 남자로서의 본능이었는지도 모르겠습니다. 2009년 1월 13일의 일이었죠.

산부인과에 가서 처음 태아의 심장 소리를 듣던 순간이 아직도 생생하게 기억납니다. 산부인과 의사 선생님들에게는 일상적인 일이지만, 첫 아이를 갖게 된 예비부모 입장에서는 정말정말 감동적인 순간이잖아요. "콩닥콩닥" 아기의 심장 소리에 맞춰 제 심장도 기분 좋은 긴장감으로 함께 뛰었습니다.

그리고 그때부터 제 삶의 초점은 한순간에 한 남자에서 한 아이의 아빠로 바뀌게 되었습니다. 보장된 미래는 전혀 없고, 그래서 나만을 위해 달려가기도 벅찬 서른 살이었지만, 내 아이가 생겼다는 사실에 단단한 각오를 하고 마음을 추스르게 되더라고요. 마치 고3 때 '이제 정말 열심히 공부해야겠다!' 마음먹고 삶의 자세를 바꿨던 것처럼 말입니다.

임신을 처음 확인한 이 시기는 아기 엄마도 아빠도 강한 결심이 필요합니다. 그동안의 삶의 방식을 청산하고 나를 바꿔나가기 위해서는 결단이 필요하니까요.

'결단이 필요한 시기'에 어울리는 음악으로는 헨델의 〈수상음악 Water Music〉이 제격입니다. 이 음악을 작곡하던 당시의 헨델도 여러분 못지않게 삶에서 가장 중요한 시기를 맞이하고 있었거든요.

인생의 갈림길에 선
헨델의 선택

게오르크 프리드리히 헨델(1685~1759년·독일)은 원래 독일 게오르크 선제후의 악장이었습니다. 그런데 영국으로 휴가를 한 번 다녀오고는 독일과는 사뭇 다른 그곳에 매료됩니다. 재차 휴가를 얻어서 다시 영국으로 가는데, 이번에는 아예 눌러앉아버립니다. 궁정 악장의 자리를 제대로 정리도 하지 않은 채로요.

게오르크 선제후는 크게 실망했을 테지만, 헨델은 아랑곳하지 않습니다. 그리고 귀족은 물론 여왕과도 어울릴 만큼 영국 상류사회에 진입해 스타 음악가로 승승장구합니다. 여느 음악가들처럼 귀족에게 봉사하고 후원을 받는 삶이 아닌, 진짜 음악가이자 비즈니스맨이 되어 멋진 삶을 만끽한 거죠.

그런데 여왕이 갑작스레 세상을 떠납니다. 물론 여기까지는 괜찮습니다. 문제는 왕위를 물려받은 사람이 헨델이 배신(?)했던 바로 그 조지(게오르크의 영국식 발음) 1세라는 것이죠.

자, 헨델의 심정이 짐작되나요? 그는 '어떻게 해야 이 상황에서 무사할 수 있을까?' 고민하느라 밤잠을 설칩니다. 물론 그의 선택지에는 망명도 포함되어 있었습니다. 실제로 조지 1세의 왕위 등극을 반대하던 세력은 조지 1세 즉위 후 망명하거나 런던탑에 감금되었습니다.

그러나 헨델은 정공법을 선택합니다. 그냥 재산을 정리해서 산야에 묻혀 조용히 살 수 있는 방법을 선택할 수도 있었지만, 그는 조지 국왕 앞에 나설 계획을 찬찬히 세웁니다.

드디어, 운명의 날이 밝았습니다. 조지 1세가 템스 강에서 뱃놀이를 하는데, 왕이 탄 배 근처의 또 다른 배에서 아름다운 음악이 흘러나옵니다. 그 배에는 50여 명의 오케스트라 단원이 타고 있었고, 물론 지휘자는 헨델이었죠.

요즘에야 바다 한가운데서도 음악을 들을 수 있지만, 당시에는 엄청난 일이었습니다. 음악회장에나 가야 들을 수 있는 음악이 물 위의 배에서 흘러나오다니요. 그리고 그 음악은 그동안의 일을 사죄하고 다시 새로운 관계로 발전시켜나가자는, 국왕에게 보내는 헨델의 음악 편지였습니다.

헨델이 정공법은 대성공을 거둡니다. 조지 1세는 노여움을 풀고 헨델을 다시 궁정 음악가로 기용했고, 그 인연은 후대 왕인 조지 2세까지 이어집니다. 물론 독일에서 태어나 영어를 할 줄 몰랐던 조지 1세에게는 영어와 독일어를 유창하게 구사하는 헨델이 다른 누구보다 편안하게 느껴졌을 수도 있습니다.

헨델이 인생의 갈림길에서 새로운 각오를 되새기며 작곡한 〈수상음악〉. 임신이라는 엄청난 인생의 관문에 들어선 여러분도 이 음악을 들으며 미래에 대한 각오와 계획을 새롭게 다져보는 것은 어떨까요?

헨델의 〈수상음악〉은 수많은 음반으로 나와 있습니다. 라파엘 쿠벨리크(1914~1996년·체코)와 베를린필하모닉의 호흡에 도이체그라모폰에서 발매된 음반이라면 충분히 믿고 들어도 됩니다.

임신 6주 차

차근차근 미래를 준비하는 시간

● 바흐 〈G선상의 아리아〉

처음 임신 사실을 알게 된 후 일주일 정도는 아마 몸이 지상으로부터 한 30㎝는 떠 있는 기분이었을 거예요. 여기저기 임신 소식을 알리고 축하받고 정말 정신없었을 겁니다. 저 역시 그랬습니다.

그러나 일주일 정도 시간이 흐르고 나니 이상하리만지 마음이 차분히 가라앉았습니다. 임신 준비, 육아 비용 등 현실적인 문제들이 눈에 들어오기 시작했으니까요.

어느새 컴퓨터 앞에 앉아 관련 내용들을 검색하던 제 모습이 떠오릅니다. 예비엄마들끼리는 정보 공유도 빠르고 인터넷 동호회도 많지만, 아빠 입장에서는 상대적으로 그런 모임이나 동호회가 적을 수밖에 없거든요.

그리고 계산기를 열심히 두드렸습니다. 출산일까지 얼마나 남았는지, 그때까지 얼마나 돈을 모을 수 있을지, 앞으로 추가로 들어갈 비용은 얼마나 될지에 대해서 수없이 계산을 하고, 현재의 수입을 기준으로 가장 효율적으로 돈을 쓸 수 있는 방법을 모색했지요.

그즈음 배우려고 했던 골프는 몇 년 뒤로 미뤘고, 꼭 타고 싶었던 멋진 스포츠카는 잠시 접어두고 아이를 편하고 안전하게 태울 수 있는 자동차를 생각했죠.

저를 위해 쓰던 시간과 돈을 조금의 망설임도 없이 곧 태어날 아이를 위해 양보하는 과정을 겪으면서 그렇게 부모가 되고 어른이 되는 것 같습니다.

앞서 소개한 헨델의 〈수상음악〉은 새로운 에너지가 느껴지는 밝은 느낌의 곡이었습니다. 아이와 함께하는 미래를 차근차근 계획하기 시작하는 이번 주에는 조금 차분한 음악을 들어보는 게 어떨까요? 공부할 때 들어도 좋을 만큼 마음을 가라앉혀주는 곡, 바흐의 〈G선상의 아리아〉입니다.

가장 낮은 G현으로만
더할 나위 없이 편한 분위기

요한 제바스티안 바흐(1685~1750년·독일)는 바로크 시대의 대표적인 음악가입니다. 두 번의 결혼을 통해 얻은 자신의 많은 자녀들을 위해서 〈인벤션〉이라는 건반악기 연습곡을 작곡하기도 한 자상한 아버지였고, 평생을 교회에 머물면서 음악사에 길이 남을 작품을 수없이 남긴 '음악의 아버지'였습니다.

여기서 잠깐, 바로크라는 말에 대해서 알아보겠습니다. 바로크baroque는 원래는 '찌그러진 진주'를 뜻하는 포르투갈어 '바로코'에서 나온 말입니다. 즉 쓸모없는 물건을 뜻하는 단어였죠.

하지만 수 세기가 지나고 나서는 그 시대의 특성을 대표하는 말로 자리를 잡아버렸습니다. 이를테면, 요즘 흔히 쓰이는 '막장'이라는 단어가 수 세기 후 21세기 한국사회를 대표하는 말이 되어버리는 셈이라고나 할까요?

여하튼, 바로크 시대는 교회음악 일색이던 르네상스 시대를 지나서 개인의 취향이 예술에 본격적으로 반영되던 시기죠. 다양한 악기와 기악곡들이 선보였고, 음악을 향유하는 계층이 조금씩 넓어지기 시작합니다.

〈G선상의 아리아〉는 바흐의 〈관현악 모음곡〉에 나오는 곡입니다. 관현악 모음곡은 말 그대로 여러 개의 작은 악곡들을 모아놓은 관현악곡집이에요. 서곡, 가보트, 부레 등등 당시에 자주 연주되던 작은 악곡들을 묶어서 만들었지요.

이 중에서 3번이 가장 유명합니다. 제2악장의 〈Air〉라는 곡 때문인데요, 이 곡은 후대의 바이올리니스트인 아우구스트 빌헬미(1845~1908년·독일)가 바이올린의 제일 낮은 G현으로만 연주하게 편곡해서 〈G선상의 아리아〉라는 이름을 얻게 되었습니다.

바이올린의 4개의 현은 제각기 굵기가 다르고 담당하는 음높이도 다릅니다. 제일 높은 E현과 제일 낮은 G현은 무려 1옥타브하고도 6도가 차이 나고, 현의 굵기 역시 몇 배가 차이 납니다. 따라서 E현으로 낼 수 있는 음을 G현으로 내면 음정은 같아도 음색은 엄청나게 다르죠. 마치 같은 달걀이라도 완숙과 반숙의 맛이 다른 것처럼요.

〈G선상의 아리아〉는 더할 나위 없이 편안한 곡입니다. 그러나 연주자 입장에서는 고역이 따로 없다고 해요. 단 하나의 줄로 연주하는 것이 기술적으로 엄청난 집중력을 필요로 하거든요. 그래서 그럴까요? 많은 바이올리니스트들이 G선만으로 연주하기보다는 여러 현을 함께 사용합니다. 물론 G선만으로 연주한 곡도 많습니다. 시간이 된다면 비교해서 들어보길 권합니다. 같은 곡, 같은 음, 그러나 완전히 다른 느낌을 즐겨보세요.

정경화(1948~ · 한국)가 EMI에서 발매한 앨범에 수록된 〈G선 상의 아리아〉는 G선만으로 연주가 되어 있습니다. 매우 굵고 따 스한 소리가 납니다.

벌써부터 몸이 근질거린다면

● 요한 슈트라우스 2세 〈천둥과 번개〉

임신 7주 차, 아직 초기 단계로 분류되는 때입니다. 태아를 위해서 매사를 조심조심~ 해야 하는 시기죠.

아마 활동적인 예비엄마들은 벌써 좀이 쑤시고 답답함을 느낄 겁니다. 저도 그런 경험이 있어요. 항상 활동적으로 생활하다가 최근에 라식 수술로 2~3일간 집에만 있었는데, 어찌나 답답하던지. 체중까지 확! 느는 기분이었어요. 물론 단 며칠 활동을 안 하는 것과 태아를 위해 몇 주씩 조심하는 것은 비교가 되지 않을 테지만요.

아무튼 이럴 때일수록 적극적으로 즐거움을 찾아야 합니다. 남편과 교외로 드라이브를 가는 것도 좋은 방법이겠죠. 우리나라에 아름다운 드라이브 코스가 얼마나 많은지, 매일같이 운전하는 저도 못 가본 곳이 더 많습니다. 수도권에 사신다면, 주말에 청평호반 쪽으로 돌아보는 것은 어떨까요? 단, 아침 일찍 움직이세요. 주말 낮에는 길이 너무 많이 막히니까요.

술을 좋아하는 분이라면, 요맘때쯤이면 시원한 맥주 한 잔 생각이 간절할지도 모릅니다. 그러나 우리 모두 잘 알고 있듯이 임신과 알코올 성분은 그야말로 상극이죠.

그렇다면 알코올이 들어 있지 않은 '무알코올 맥주'라는 대안은 어떨까요? 아, 물론 주의할 점이 있습니다. 시중에는 '무알코올 맥주'라는 이름으로 팔리고 있는 제품들이 많지만, 무알코올이라고 해서 모두 '알코올 성분 0%'는 아니라는 겁니다. 현행법상 알코올이 1% 미만이면 무알코올이라는 표기가 가능하거든요. 따라서 맥주가 정말 먹고 싶다면, 성분을 꼼꼼히 따져보세요. 그런 다음 시원하게 한잔하는 기분으로 '크아~' 해보세요. '임신과 맥주'는 그리 건전한 조합은 아니지만, 무알코올 맥주는 정신 건강을 위한 하나의 방법이 될 수 있지 않을까요?

자, 오늘은 기분 전환을 해줄 시원한 음료 같은 청량한 음악을 들어볼까요?

요한 슈트라우스 2세(1825~1899년·오스트리아)의 〈천둥과 번개〉 폴카를 추천하고 싶습니다. 클래식 음악 하면 근엄하고, 장중하고, 무겁고, 결정적으로 길어서 지루하다는 고정관념을 한 방에 날려줄 곡이랍니다.

유쾌·상쾌·통쾌한
춤곡

저는 이 곡을 1990년대 대전에서 열린 엑스포의 '오스트리아관'에서 처음 들었습니다. 대지휘자 카를로스 클라이버(1930~2004년·독일)가 빈필하모닉을 이끌고 연주하던 그 영상은 정말 유쾌, 상쾌, 통쾌했습니다. 듣는 내내 댄스음악을 듣는 것 같은 신나는 기분도 들었고요.

상상해보세요. 일단 '폴카' 자체가 2박자 계열의 쿵작거리는 춤곡이에요. 18세기 초 체코의 보헤미아에서 시작됐고, 아주 빠른 리듬을 자랑하죠. 특유의 흥겨움과 즐거움으로 인해 전 유럽으로 급속도로 퍼져 나갔는데, 예술적이라기보다는 유희적인 성격이 강했기에 대중들도 아주 쉽게 받아들인 덕분이랍니다.

특히 '왈츠의 왕'으로 불리는 요한 슈트라우스 2세는 폴카를 무려 120곡이나 작곡했다고 하니, 정말 엄청나게 인기를 끌던 장르라는 데는 이견을 달 수 없을 거예요. 우리가 클럽에서 전자음악의 비트를 즐기는 것처럼, 당시 사람들은 폴카로 스트레스를 날려버리지 않았을까요?

매우 빠르고 신나고 에너지가 느껴지는 폴카 중 〈천둥과 번개〉는 제목처럼 천둥과 번개를 묘사하고 있어요. 심벌즈와 큰북이 힘차게 울리면서 천둥과 번개를 매우 실감 나게 표현합니다.

이 곡은 그 인기만큼 다양한 지휘자와 여러 악단의 연주로 감상할 수 있습니다. 특히 지휘자의 성향을 극명하게 엿볼 수 있는 곡이기도 한데요, 헤르베르트 폰 카라얀(1908~1989년·오스트리아)의 연주는 꼼꼼함과 견고한 질서가 느껴집니다. 반면 클라이버의 연주는 마치 술 한 잔 마신 할아버지 같은 자유분방한 분위기입니다. 100명이 넘는 오케스트라 단원이 함께 만들어내는 관현악곡이 지휘자 한 사람으로 인해서 이처럼 다른 소리를 낸다는 것, 관현악곡의 또 다른 매력이라고 볼 수도 있겠지요?

카를로스 클라이버와 빈필하모닉이 연주한 1992년 신년음악회 DVD에 수록된 〈천둥과 번개〉는 가히 역대급입니다. 대전 엑스포의 오스트리아관에서 엑스포 기간 내내 상영할 정도로 오스트리아 내에서도 당당하게 내세우는 연주입니다.

임신 8주 차

나른해서 모든 것이 귀찮은 오후

● 로베르 플랑케트 〈상브르와 뫼즈 연대〉

어느덧 두 달이 지났습니다. 태아는 이제 엄마 배 속에서 눈도 생기고 귀와 코도 생겼습니다. 뇌의 용량 역시 폭발적으로 늘고 있고요.

임신 진단을 받은 초기에는 모든 것이 소심~ 모드입니다. 몸가짐도 소심, 마음가짐도 조심. 몸과 마음에 좋지 않은 일체의 행동과 생각을 멀리하면서 지내죠. 그러다가 8주쯤 되면 임신 사실에 얼떨떨하기만 하던 예비엄마도 조금은 몸과 마음에 여유가 생기죠. 야외 활동도 하고 운동도 하고요.

제 친구 중 한 명은 임신을 한 상태에서 음반 녹음을 했는데, 무척 어려운 곡들로만 선곡해서 고생을 많이 했습니다. 이유를 물으니 이렇게 대답하더군요.

"아이 나오기 전에 해놓지 않으면 평생 못 할지도 몰라."

그 친구는 지금 활발히 활동하고 있습니다. 물론 아직까지 새로운 음반을 내지는 못했어요. 아이가 어느 정도 자라면 다시 할 계획이라고 합니다.

"배 속에 있을 때가 제일 편하다. 많이 즐겨라~."

주위에서 아마 이런 얘기를 많이들 할 거예요. 저도 당시에는 이 말이 무슨 뜻인지 이해하지 못했는데, 산후 조리가 끝나고 아내와 아기가 집으로 온 바로 그날부터 너무너무 자세하게 이해가 되더군요. 엄마라면 더 말할 것도 없겠지요?

그렇다고 미리 걱정부터 할 필요는 없습니다. 임신 8주. 반대로 생각하면, 첫 임신이라면, 누군가의 엄마나 아빠가 아닌 한 사람의 여자와 남자로서의 자유로운 시간이 무려 200일 이상 남아 있는 것이니까요. 이 소중한 시간을 잘 즐기려면, 기운 넘치는 상태가 되어야 할 거예요. 그런 음악들 있잖아요, 들으면 왠지 운동해야 할 것 같고, 힘이 나는.

군가로 태어나
박력 있고 경쾌

저는 개인적으로 영화 〈록키〉의 주제곡인 〈Gonna Fly Now〉를 운동할 때 자주 틀어놓습니다. 영화에서 실베스터 스텔론이 열심히 훈련하면서 뛰어가는 장면, 특히 마지막 편인 〈록키 발보아〉에서 늙고 지친 몸으로 젊은 챔피언과 맞서기 위해 훈련하는 장면은 젊은 학생들에게도 자주 보여줍니다.

클래식 중에 이렇게 힘을 불어넣어주는 곡을 소개할까 해요. 30대 중반 이상이라면 한 번쯤은 들어본 적이 있을 거예요. 로베르 플랑케트(1848~1903년·프랑스)라는 작곡가가 쓴 〈상브르와 뫼즈 연대 Le Regiment de Sambre et Meuse〉라는 곡입니다.

상브르와 뫼즈 연대라……. 무슨 말인가 싶죠? 알고 보면 간단합니다. 바로 군부대의 이름이거든요. 제가 복무했던 수도방위사령부가 '방패부내'라는 별칭으로 불렸던 것처럼요.

상브르와 뫼즈 강은 지금은 벨기에의 영토지만, 플랑케트가 곡을 쓴 당시에는 프랑스 제국의 영토였어요. 이 곡은 군가로 작곡된 것이었고요. 하지만 곡 자체의 분위기가 워낙 매력적이라서 요즘은 관현악 버전이 더 많은 사랑을 받고 있습니다.

이 곡은 또한 1980년대 초반까지 우리나라 지상파 방송에서 권투 경기를 중계할 때 시그널 뮤직으로 쓰였어요. 그래서 많은 분들이 알게 모르게 많이 들었던 곡이기도 합니다. 금관악기의 박력 있는 사운드와 단순한 것 같으면서도 지루하지 않은 멜로디, 각종 타악기들의 경쾌한 리듬은 듣는 사람으로 하여금 기운이 솟아나게 해준답니다.

'피곤해서 잠이나 잘래'라는 생각이 든다면, 이 음악을 들어보세요. 당장 조깅화를 신고 가볍게 뛰고 싶을 만큼, 활력이 느껴질 겁니다.

아서 피들러(1894~1979년 · 미국)가 지휘한 보스턴팝스오케스트라의 연주가 신나고 즐거운 느낌을 잘 살려냈다는 평가를 받고 있습니다.

누군가의 엄마나 아빠가 아닌

한 사람의 여자와 남자로서의 **자유롭고**

소중한 시간을 잘 즐기려면,

기운 넘치는 상태가 되어야 합니다.

그런 음악들 있잖아요,

들으면 왠지 **힘**이 나고,

운동해야 할 것 같은.

부부싸움으로 마음에 뿔이 났다면

● 헨델−할보르센 〈파사칼리아〉

임신 초기에는 부부싸움을 하는 경우가 거의 없습니다. 남편은 아내를 배려하고 무엇이든 맞춰주죠. 쉽게 말해서 임신 전보다 말을 잘 듣습니다. 임신 진단 시 "앞으로 두 달 정도는 아내가 스트레스 받을 일을 절대 만들지 마라"는 의사 선생님의 말씀을 기억하니까요. 아내 역시 마찬가지입니다. 태아를 위해서 감정을 최대한 절제합니다.

하지만 아빠도 엄마도 사람입니다. 예비엄마는 '임산부'라는 특별한 사람이 되면서 여러모로 배려받으면서도 이래저래 스트레스를 받고, 예비아빠는 삶에 대한 부담감이 커지면서 알게 모르게 스트레스가 쌓입니다. 주변의 예비아빠들이랑 이야기를 해보면 누구나 다 비슷비슷한 느낌이더군요. 그러다가 태아가 어느 정도 안정되는 시기가 되면, 여러 가지 감정들이 얽히고설키면서 감정이 폭발하는 경우가 생깁니다. 쉽게 말해서 부부싸움이 일어나는 겁니다. 저도 임신 두 달을 조금 넘어서 그랬던 기억이 납니다.

이런 경우 예비엄마의 감정 상태가 배 속의 아이에게 고스란히 전달되겠지요? 그나마 다행인 것은 아직은 태아에게 청각이 생기지 않은 단계라, 아이가 엄마·아빠의 다툼을 귀로는 느낄 수 없다는 겁니다.

안 싸우고 사는 부부가 과연 얼마나 있을까요? 따라서 무조건 참으면 더 큰 스트레스가 될 수 있으니 현명하게 싸우는 게 중요할 것 같아요. 무엇보다 싸울 때의 그 감정을 오래 지속하는 실수는 하지 마세요. 70년을 해로한 미국의 한 의사 부부가 한 이야기가 기억납니다. "싸우지 않으려면, 서로 비꼬려 하지 말고 있는 그대로 상대를 받아들여라."

혹시 예비아빠와, 예비엄마와 다퉜다면 음악을 들으면서 마음을 가라앉혀보세요.

바이올린과
첼로가 아웅다웅

　　　　　이번에 소개할 곡은 아웅다웅하는 부부 같은 곡입니다. 악기의 여왕인 바이올린과 남성적인 악기의 대표 격인 첼로(혹은 비올라)로 연주되는 곡인데요, 피아노 반주 없이 두 현악기가 내는 대조적인 소리가 무척이나 긴장감을 자아냅니다. 게오르크 프리드리히 헨델(1685~1759년·독일)의 〈하프시코드를 위한 모음곡〉 중 〈파사칼리아〉를 바이올리니스트이자 지휘자였던 요한 할보르센(1864~1935년·노르웨이)이 현악 2중주를 위한 곡으로 편곡했습니다. 그래서 작곡가 이름이 헨델-할보르센으로 표기되는 것입니다. 파사칼리아란 17세기 초 스페인에서 생겨난 춤곡으로, 프랑스에서 주로 발레곡으로 사용되다가 점차 독자적인 기악곡으로 발전했다고 합니다.

　헨델의 원곡과 할보르센의 편곡은 차이점이 분명합니다. 물론 원곡이 단조이고 멜로디 역시 하프시코드를 위한 곡이다 보니 두 곡을 비교해 들으면 확연한 차이를 느낄 수 있습니다. 그러나 할보르센은 무엇보다도 두 대의 현악기로 최대한의 긴장감을 이끌어내는 데 중점을 뒀습니다.

　우선 힘차게 G단조 코드로 시작해 두 주자가 대화를 나누듯이 연주가 진행됩니다. 의견 일치가 되어 둘이 한 방향으로 나아가는 듯싶은가 하면, 서로 묻고 대답하는 것 같기도 합니다. 그런가 하면 어느 순간 서로 격렬한 패시지*를 쏟아내면서 열띤 언쟁을 벌이기도 하죠. 이 곡은 시종일관 긴장감이 팽팽합니다. 아마 피아노의 풍성한 화성 지원 없이 찰현악기** 두 대로만 연주되기 때문일 거예요. 기타와 하프 같은 발현악기***는 한층 편안한 분위기를 만들지만, 활과 줄이 마찰되어 소리가 나는 찰현악기는 듣는 이로 하여금 높은 긴장감과 집중도를 느끼게 합니다.

그러나 이 곡이 끝까지 팽팽한 분위기라면 여러분께 추천하지 않았을 거예요. 말미 부분에 이르면 바이올린이 최고음을 내고 첼로(혹은 비올라) 역시 강력한 음으로 바이올린과 장단을 맞춥니다. G단조 코드에 이어 D장조로 이어지며 밝은 느낌으로 변하고, 마지막 음은 G단조가 아닌 G장조가 되면서 해피엔딩으로 마무리됩니다. 아무리 디투어도 결말은 좋아야 한다는 것을 말해주려는 것이 아닐까 싶어요.

*음악에서 독립된 발상을 하지 않고 선율 사이에서 빠르게 상행上行 또는 하행하는 경과적인 악구
**현을 활로 마찰해서 소리를 내는 현악기의 총칭
***손가락 등으로 퉁겨 소리를 내는 현악기

바이올린과 첼로가 연주하는 버전과 바이올린과 비올라가 연주하는 버전이 있습니다. 두 악기의 대조되는 음색에 초점을 맞춘다면 바이올린과 첼로 버전이, 격렬한 패시지의 연주에 중점을 둔다면 바이올린과 비올라 버전이 좋습니다. 바이올린을 엄마, 첼로를 아빠라고 생각하고 들어보면 중간중간 재미있는 느낌을 받을 수 있습니다.

이츠하크 펄먼(1945~ · 이스라엘, 바이올린)과 핀커스 주커만(1948~ · 이스라엘, 비올라)의 연주는 찰현악기 2중주의 디테일이 살아 있습니다. 핀커스 주커만은 원래는 바이올리니스트입니다.

임신 10주 차

편안한 잠으로의 초대

● 바흐 〈인벤션〉 CD.12 / 모차르트 〈피아노 소나타 K.545〉 CD.17

임신하면 시도 때도 없이 잠이 쏟아진다는 말, 다들 공감할 겁니다. 누구에게나 잠은 중요하지만, 특히 예비엄마들에게는 정말정말 중요합니다.

이번에는 편안한 수면을 이끌어줄 좋은 음악을 소개할까 합니다. 물론 "나는 클래식 음악만 들으면 잠이 쏟아져~" 하는 분이라면, 아무 곡이나 들어도 됩니다. 하지만 이왕이면 특별히 더 숙면에 도움이 되는, 편안하고 안정적이며 자극적이지 않은 클래식 음악을 선별해 듣는다면 더 좋겠지요?

편안한 잠과 어울리는 음악은 아무래도 바로크나 고전파 초기의 피아노곡이 아닐까 생각합니다. 우선 르네상스 시대의 음악은 거의 단선율의 종교음악이라 지루하기 짝이 없는 데다 음반을 구하기도 어렵습니다. 그렇다고 아름다운 감성과 화려한 기교가 섞인 〈카르멘 판타지〉와 같은 낭만파 음악을 추천할 수도 없습니다. 잠에 빠져드는 대신 음악에 끌려가버릴 수 있거든요. 피아노곡을 추천하는 이유는 피아노라는 악기 자체가 부드러운 해머로 현을 때려서 소리를 내는 타현악기이기 때문에, 현을 마찰해 소리를 내는 현악기보다는 덜 자극적이기 때문입니다.

부담 없이 연주하고
편안하게 들을 수 있어

자, 본격적으로 음악 이야기를 해볼까요?

우선 바로크 음악에서는 요한 제바스티안 바흐(1685~1750년·독일)의 〈인벤션〉을 추천하고 싶습니다. 바흐가 자기 아들들의 건반악기 학습을 위해 작곡한 곡이죠. 자극적이지 않은 멜로디에, 손이 작은 아이들도 어렵지 않게 연주할 수 있도록 넓지 않은 음역대를 사용했습니다. 부담 없이 연주하고 또 편안하게 들을 수 있는 음악입니다.

물론 처음 연습할 때는 '뭐가 이렇게 어려워?' 하는 느낌을 받습니다. 보통 피아노를 칠 때, 오른손은 멜로디를 왼손은 화음 반주를 연주하는데, 인벤션은 오른손이 연주한 멜로디를 왼손이 그대로 따라가면서 진행되는 경우가 많거든요. 오른손과 왼손을 같이 놓고 보면 대칭형이잖아요? 데칼코마니처럼요. 그런데 이 반대 모양으로 생긴 손으로 같은 음형을 연주하는 것이 처음에는 무척 까다로울 수밖에 없습니다. 그래서 보통 《체르니 30번》을 칠 정도가 되어야 인벤션을 시작합니다.

인벤션에는 2성과 3성이 있는데, 굳이 복잡한 3성을 들을 필요는 없습니다. 편안한 2성의 멜로디를 따라가다 보면, 마음도 차분해지고 이것저것 복잡하게 생각할 것 없이 잠에 빠져들게 됩니다.

고전파 초기의 작곡가 중에서는 볼프강 아마데우스 모차르트(1756~1791년·오스트리아)를 추천합니다.

모차르트는 말 그대로 천재였습니다. 그를 둘러싼 이야기는 무궁무진하지만, 이것저것 다 떠나서 그의 음악은 말 그대로 영롱하고, 티 없이 맑습니다. "음을 하나만 바꿔도 곡 전체가 무너진다"는 말이 있을 정도로 완벽함 그 자체죠. 또한 음악적인 성격도 매우 밝아서 그의 작품 중 단조로 된 작품보다는 장조로 된 작품이 압도적으로 많습니다. 베토벤과는 반대죠.

20세기의 명피아니스트인 아르투어 슈나벨(1882~1951년·오스트리아)은 모차르트의 피아노 소나타를 두고 이렇게 말했습니다. "아이들이 치기엔 쉽지만, 어른들이 치기엔 너무나도 어렵다." 그만큼 때 묻지 않은 어린아이 같은 감성이 녹아 있다는 뜻이겠지요.

모차르트의 곡 중 가장 편안하게 들을 수 있는 피아노곡을 찾다 보니 〈피아노 소타나 K.545〉가 떠오릅니다. 《소나티네》 교본의 뒤에 나오던 곡 중 한 곡이기도 하기에, 피아노 학원엘 다녔던 분이라면 친숙할 겁니다.

아름다운 다장조의 멜로디와 어쩌면 이렇게 자연스럽게 조바꿈이 될 수 있을까 싶은 재현부까지, 모차르트의 천재성을 확인할 수 있는 가장 쉬운 곡이죠. 너무나도 많은 연주자들이 녹음을 했는데, 특히 작곡가 에드바르 그리그(1843~1907년·노르웨이)는 이 곡을 두 대의 피아노로 연주할 수 있도록 편곡하기도 했습니다.

자극적이지 않은 편안한 피아노곡과 함께하는 평화로운 휴식. 세상에서 제일 좋은 약은 무엇일까요? 저는 "잠이 보약"이라는 말에 전적으로 동감합니다.

바흐의 〈인벤션〉은 데카에서 출시한 안드라스 시프(1953~ · 헝가리)의 음반이 매우 좋은 평을 받고 있습니다.
모차르트의 〈피아노 소나타 K.545〉는 '모차르트 스페셜리스트'인 클라라 하스킬(1895~1960년 · 루마니아)의 연주라면, 음반 레이블을 가리지 않아도 됩니다. 클라라 하스킬은 '모차르트의, 모차르트에 의한, 모차르트를 위한, 모차르트의 재림'이라는 찬사를 듣는 피아니스트니까요.

입덧을 잊게 할 기분 전환용 음악

● 스트라빈스키 〈페트루슈카〉 중 '러시아 무곡' CD.15

"모든 게 다 좋을 순 없다"는 말은 임신에도 해당하는 것 같습니다. 임산부 최대의 불청객, 입덧 이야기입니다. 제 지인은 심지어 휴대전화에서도 냄새가 난다며 구역질을 했습니다. 저는 휴대전화에서도 냄새라는 걸 느낄 수 있다는 것을 그때 처음 알았습니다. 이불 냄새, 남편의 체취에도 힘들었다니, 정말 일상생활이 불가능할 정도였죠. 향초를 좋아해 집 안 가득 피워놓던 우아한 친구인데, 입덧이 시작되니 그런 향기조차 구역질로 돌아온다는 얘기에 정말 많이 놀랐답니다.

입덧이라는 게 참 아이러니한 것 같아요. 임신은 100% 축복받을 일인데, 입덧을 심하게 하는 임산부 입장에서는 죽을 맛이라는 단어가 딱 어울리는 상황을 만드니까요. 제대로 먹지를 못하니 본인은 물론이거니와 남편도 괴롭습니다. 임신한 딸을 위해 이것저것 음식 장만을 해 온 친정엄마도 어쩔 줄을 몰라 하고, 나중에는 '배 속 아이는 괜찮은 걸까' 온 가족이 걱정하게 됩니다. 다행히 제 아내는 입덧 때문에 고생하진 않았어요. 제가 운이 좋았나 봅니다.

입덧은 보통 임신 9주 내에 시작되어 11~13주에 가장 심해지고, 대부분 14~16주면 사라진다고 합니다. 임산부의 70% 정도는 경험한다고 하는데, 물론 병은 아니지만 딱히 치료법이 있는 것도 아니라서 답답한 분들이 참 많을 것 같습니다. 그런 분들을 위해 입덧을 가라앉히는 데 효과가 있다고 알려진 방법 몇 가지를 소개합니다.

우선, 속을 비워놓지 마세요. 하루 중 입덧이 가장 심한 때가 바로 이른 아침인데요, 공복이기 때문이에요. 늘 간단한 음식으로 위를 살짝 채워놓으면 증상이 조금 덜해진다고 합니다.

그리고 수분을 충분히 섭취하세요. 구토를 계속하게 되면 자연스레 수분이 빠져나갑니다. 충분한 수분을 섭취하되, 장을 안정시키는 데는 뜨거운 물보다는 시원한 물이 효과적이라고 합니다.

산책을 하거나 좋아하는 음악을 듣는 것도 입덧을 가라앉힐 수 있는 한 방법이에요. 특히 좋아하는 음악을 편하게 듣다 보면 조금이나마 기분 전환을 할 수 있거든요. 물론 꼭 클래식 음악이 아니어도 좋습니다. 제 친구 중 한 명은 제가 연주한 스트라빈스키의 〈페트루슈카〉 중 '러시아 무곡'을 들었다고 해요. 모래알처럼 많은 음악 중 하필 그 험한(?) 곡을 선택한 이유가 재밌습니다. 그 수많은 패시지와 쿵쾅거리는 소리에 몰두하다 보니, 입덧의 고통을 잠시나마 잊을 수 있었다나요? 여러분도 함께 들어보실래요?

화려하고 강렬한, 당대 최고의 난곡

〈페트루슈카〉는 이고리 스트라빈스키(1882~1971년·러시아)가 작곡한 발레음악입니다. 그런데 이 발레는 〈백조의 호수〉 같은 우아한 작품과는 거리가 멀어요. 인간의 혼을 지닌 꼭두각시 인형 페트루슈카의 슬픈 사랑을 다루다 보니 클래식 발레 외에 민속무용, 마임, 코믹한 동작 등이 뒤섞여 나옵니다. 여기에 스트라빈스키 음악 특유의 원시적인 리듬, 독창적인 화성과 화려함이 더해져 당시 많은 사랑을 받았죠. 오늘날 이 곡은 '러시아적 정서와 현대적인 비극성을 담은 발레음악의 걸작'으로 높이 평가받고 있습니다.

1911년 파리 샤틀레극장에서 초연 뒤 이 발레 작품이 유명해지자 당대 최고의 피아니스트인 아르투르 루빈스타인(1887~1982년·폴란드)은 스트라빈스키에게 피아노 독주곡으로 편곡해달라고 부탁합니다.

스트라빈스키는 오케스트라곡 중 세 부분을 정해서 〈페트루슈카의 3장면〉이라는 피아노곡으로 편곡합니다. 작곡가는 처음 오케스트라 버전으로 작곡할 때부터 피아노를 염두에 두었다고 해요. 그래서 매우 완성도 높은 곡을 탄생시킵니다. 그런데 생각해보세요. 100여 명이 연주하는 곡을 단 한 명이 연주하는 것이 어디 보통 일이겠어요? 당연히 당대 최고의 난곡難曲이 탄생합니다.

이 작품은 정말 연주하기 어렵습니다. 하지만 그만큼 화려하고 강렬해 많은 피아니스트들에게 도전의식을 불러일으키죠.

저 역시 대학 졸업반에 이 작품을 연수했는데, 징말 '내가 왜 사서 이 고생을 하고 있나?'라고 생각한 적이 한두 번이 아니었습니다. 보통의 피아노곡은 악보가 오른손, 왼손의 2단으로 되어 있는데, 이 곡은 3단, 심지어 4단으로 구성되어 있습니다. 그만큼 음역이 넓다 보니 많은 연주자들이 괴로워합니다.

첫 곡인 러시아 무곡은 첫 음부터 9개의 화음을 연타하면서 시작되고, 손톱으로 피아노 건반을 긁어 올리듯이 연주하는 '글리산도 기법'은 물론, 현란한 패시지와 화음들이 쉴 새 없이 몰아칩니다. 이쯤 되면 연주하는 사람도 괴롭지만, 듣는 사람의 정신도 쏙 빠지게 되겠죠?

입덧이 너무 심해서 뭔가 다른 곳에 정신을 집중하고 싶다면, 한번 들어보는 것도 좋을 듯합니다. 제 친구처럼 여러분도 잠시나마 입덧의 고통을 잊게 되길 바랍니다.

많은 연주자들이 이 곡에 도전했습니다. 그중 러시아의 젊은 피아니스트 데니스 마추예프(1975~)와 이탈리아의 명피아니스트 마우리치오 폴리니(1942~)의 연주는 에너지가 넘치고 터치가 정확합니다. 혀를 내두르게 하는 명연주입니다. 제 연주는 혈기 왕성한 27살의 젊은이를 떠올리게 하네요.

자아가 강한 아이를 원한다면

● 에릭 사티 〈관료적인 소나티네〉

우리 아이가 자존감이 높은 아이, 자아가 강한 아이로 자라길 바라는 것은 세상 모든 부모들의 바람이겠지요? 자아가 강한 사람일수록 자신감이 높고 삶의 만족도가 높다고 하니까요. 저 역시 강한 자아를 유지하려고 노력합니다. 남에게 행복하게 보이는 삶이 아니라 제 자신이 행복한 삶을 살기 위해 부난히 노력하지요. 그러면 우리 아들도 그렇게 살게 될 거라고 생각합니다. 아이들은 부모를 보고 자라기 마련이니까요.

임신 기간 중에는 의식적으로라도 자신감 넘치는 마인드로 지내면 좋을 것 같습니다. 예비엄마의 심리 상태가 그대로 아이에게 영향을 끼치잖아요. 배 속의 아이가 똑 부러지는 아기로 태어나길 바란다면 엄마부터가 그래야 할 것 같습니다.

마거릿 대처가 한 유명한 말이 있습니다.

"생각을 조심하라, 생각이 말이 된다."

이 말을 살짝 응용해보면 이렇게 되겠지요?

"일부러라도 자신감을 가져라, 정말 자신감 있는 인생이 된다."

시대를 앞섰기 때문에
불행했던 천재 음악가

음악가 중에서 자아가 강하기로 유명한 이가 있으니, 바로 에릭 사티(1866~1925년·프랑스)입니다. 그는 한마디로 수재였습니다. 12살 때 파리국립음악원에 당당히 입학합니다. 하지만 그는 당시 주류 음악계의 정통성에 의구심을 품었고, 결국은 학교를 자퇴해버립니다. 자신만의 음악 세계를 펼쳐나가기 위해서였죠.

그는 음악을 할 수만 있다면 장소를 가리지 않았습니다. 몽마르트르의 카페를 전전하면서 피아노 연주로 돈을 벌었고, 주류 음악계의 행태를 꼬집는 〈관료적인 소나티네〉라는 곡도 작곡했습니다.

평소 모습도 괴짜에 가까웠습니다. 날씨에 상관없이 늘 우산을 들고 다녔고, 항상 검은 옷만 입었습니다.

한편으로는 로맨티시스트이기도 했어요. 평생 사랑한 단 한 사람의 여인을 위해 〈난 널 원해〉라는 명곡을 남기기도 했으니까요. 여기서 잠깐 옆길로 새자면, 사티의 그녀는 당대 파리 예술가들의 뮤즈였습니다. 수잔 발라동. 르누아르의 그림 모델이었고, 드가를 비롯한 인상파 화가들이 앞다퉈 그녀를 화폭에 담고자 했죠. 몽마르트르에서 수잔을 만난 사티는 한눈에 사랑에 빠졌고 둘은 결혼 대신 동거를 선택합니다. 그러나 둘의 사랑은 겨우 6개월 만에 막을 내리고 맙니다. 그러나 사티는 죽을 때까지 혼자서 외롭게 지냅니다. 오로지 수잔만을 가슴에 품은 때문이겠죠.

그러나 그는 안타깝게도 생전에는 빛을 보지 못했습니다. 주류 음악계와 가깝지 않은 이유도 있었지만, 더 큰 이유는 시대를 너무나 많이 앞서갔기 때문이죠.

"나는 너무 늙은 세상에 너무 젊어서 왔다."

생전에 세상 사람들로부터 어떤 평가를 받았는지에 대해서 사티 스스로가 정리한 말입니다. 시대를 반걸음만 앞서가면 리더가 되지만, 한 걸음 이상 앞서가면 동시대 사람들의 이해를 받을 수가 없다고 하잖아요. 마찬가지로 사티가 살던 시대의 사람들은 그의 예술성을 이해하지 못한 겁니다.

〈관료적인 소나티네〉는 4분 남짓의 짧은 곡입니다. 소나티네는 '작은 규모의 소나타'를 뜻합니다. 사티 이전의 하이든, 모차르트, 베토벤, 쇼팽, 브람스 등등의 대가들은 '소나타'라는 이름으로 3악장 또는 4악장이나 되는 곡을 작곡했는데 후대의 작곡가들 역시 천편일률적으로 소나타와 소나티네를 작곡했습니다.

사티는 그렇게 긴 곡을 작곡하는 것에 대해서 거부감이 있었는지도 모르겠습니다. 〈관료적인 소나티네〉는 주류 음악가들의 소나타나 소나티네를 비웃기라도 하듯 매우 짧습니다. 제시부와 전개부, 재현부 같은 형식을 탈피해서 자유로운 기법을 사용했고, 심지어 유명 작곡가들의 소나티네 일부분을 연상시키는 선율을 여기저기 집어넣습니다. '이건 뭐 거의 표절 수준이잖아?'라고 느낄 수 있는 부분도 여럿입니다.

사티가 자신의 성격을 좀 죽이고 당시 음악계의 흐름에 맞춰서 살았다면, 어땠을까요? 오늘날 우리가 알고 있는 바로 그 사람이 되었을까요? 전 아닐 것이라고 생각합니다. 소신대로 음악을 만들었기 때문에 오늘날 전 세계인의 사랑을 받는 음악가가 되었겠죠.

에릭 사티의 피아노곡을 감상하기에는 다니엘 바르사노(1954~
·프랑스)가 1993년 녹음한 앨범이 제격입니다. 에릭 사티의
피아노곡 중 유명한 곡들을 추려내어 녹음했습니다.

꼬물꼬물 움직이는 너!

너는 존재 자체가

행복이란다

세상의 모든 좋은 것을 주고 싶어

● 모차르트 〈교향곡 40번〉 CD.6, 16

성격 급한 예비엄마들은 슬슬 출산용품 준비를 시작할 때입니다.

"유모차는 이걸 사야 해, 카시트는 저게 좋대. 젖병은 이 회사 제품으로, 유축기는 저 회사 제품으로……."

예비부모들이 흔히 나누는 대화죠.

저 역시 그랬습니다. 사야 할 것은 왜 그리 많은지, 이것저것 아주 난리도 아니었죠. 저는 세컨드핸드secondhand, 그러니까 중고에 대한 거부감이 없는 편입니다. 자동차, 운동 장비 같은 것도 상태만 좋으면 주저 없이 구매하는 편이거든요.

능력이 넘친다면 백화점에서 새 것을 사서 집에 와 기분 좋게 포장을 풀고, 내 아이를 위해서 사용하면 됩니다. 하지만 그러기엔 물건값이 너무 비싸잖아요. 똑같은 제품도 백화점에선 30만 원을 줘야 사는데, 인터넷에선 20만 원이면 구입할 수 있습니다. 중고 제품은 병행수입 제품보다 더 싸고요. 가장 현명한 것은 육아용품에 쓸 수 있는 비용을 정해놓고 그 안에서 최대한 효율적으로 사는 것이 맞는다고 생각합니다. 저는 예전에 인터넷 최저가로 백화점의 2/3 가격에 유모차를 구입해서 3년 정도 사용한 뒤 구입가의 1/3 가격에 중고로 다시 판매했습니다. 카시트 역시 같은 방법으로 사고팔았고요. 중고 제품이 찝찝하다면, 아이의 몸이 닿는 부분은 세탁하고 소독해서 사용하면 된다고 생각해요. 시트 부분만 새 제품을 구입해도 되고요.

주위의 예비아빠들과 이야기를 해보면 다들 똑같은 말을 합니다. "무슨 유모차 가격이 승용차 가격이랑 맞먹느냐", "왜 카시트 하나가 수십만 원이나 하느냐" 등등. 그리고 울며 겨자 먹기로 새 제품을 샀다가 허리가 휜다는 이야기를 하곤 합니다. 저는 아내의 의견을 존중해주느라 그러질 못했지만, '관리 잘된 중고도 좋은데 구태여 새 제품을 살 필요는 없다'는 주의입니다.

'유모차는 아이를 위해서가 아니라 엄마의 자존심을 위해서 산다'

는 우스갯소리도 있더군요. 저는 이 말을 꼭 하고 싶습니다. 200만 원 짜리 유모차나 잘 제작된 20만 원짜리 유모차나 기능은 같습니다. 그리고 결정적으로 아이들은 뭐가 뭔지 모릅니다. 올해 8살 된 제 아들에게 물어봤습니다. 유모차 기억나느냐고. 기억은 하더군요, 녹색이었다는 것을요. 그게 다였습니다. 그게 편했는지, 불편했는지는 전혀 기억나지 않는답니다.

수입보다 지출이 많았던 음악가가 있습니다. 과소비의 대명사, 바로 천재 작곡가 모차르트입니다.

많이 벌어
더 많이 쓴 천재 음악가

볼프강 아마데우스 모차르트(1756~1791년·오스트리아)는 당대 최고의 음악가였고, 황제와도 대면할 정도로 위세가 당당했습니다. 물론 돈도 많이 벌었고요. 당시 빈에서 소득이 상위 5% 안에 드는 부유한 음악가였습니다. 하지만 안타깝게도 모차르트는 자신의 수입보다 많은 돈을 쓰며 소비생활을 즐겼습니다. 호화스러운 옷과 파이프담배를 마구 사들이고 당시에는 귀족의 고급스러운 취미

생활 중 하나였던 당구와 여행 등에 돈을 아끼지 않았습니다. 가정부에 개인 요리사까지 뒀으니 쉴 새 없이 새어 나가는 생활비가 많을 수밖에요. 게다가 한편으로는 음악가로서 자존심이 굉장해서 수준 낮은 학생들은 가르치지도 않았습니다.

그러다 보니 자연스레 가세가 기울게 됩니다. 그때라도 허리띠를 졸라매고 소비를 줄였어야 하는데, 모차르트는 여기저기 돈을 빌려서 호사스러운 생활을 이어갑니다. 무엇보다 그의 아내 콘스탄체는 낭비벽이 심했던 것으로 전해지고 있습니다. 물론 부부 사이의 일은 둘만 아는 거라고 하지만, 1782년 콘스탄체와 결혼한 모차르트는 아이가 태어난 후 1785년부터 엄청나게 많은 작품을 씁니다. 돈이 필요했으니까요. 그 무렵 그가 작곡한 작품의 오선지에는 생활비를 계산한 흔적들이 자주 나타난다고 합니다.

모차르트 최후의 3내 교향곡인 39, 40, 41번은 그의 걸작으로 손꼽히는데, 불과 두 달 만에 모두 완성했다고 합니다. 정말 어마어마하게 집중해서 급하게 써내려갔다는 것인데, 그만큼 절박했다는 의미겠지요.

특히 3대 교향곡 중 두 번째로 작곡된 〈40번〉은 모차르트의 교향곡 41개 중 몇 개 되지 않는 단조입니다. 앞서도 언급했듯이 그의 작품에는 단조가 매우 드뭅니다. 그만큼 얼마나 힘들었으면 교향곡에 단조를 썼을까, 생각될 만큼 음악에 슬픔이 묻어납니다. 한편으로 이 곡은 '모차르트 교향곡' 하면 제일 먼저 언급될 정도로 많은 사랑을 받고 있는 곡입니다. 저 역시 이 교향곡을 컴퓨터 오케스트레이션을 통해서 음원으로 만들어봤는데, 함께 일한 엔지니어와 1악장을 작업하면서 "진짜 모차르트는 천재야!" 하면서 몇 번이나 감탄했는지 모릅니다. 너무나도 유려한 관현악적 진행과 화음 사용에 감동하며 더 열심히 작업할 수 있었습니다.

〈피아노 협주곡 20번〉 역시 단조입니다. 이 곡은 1785년 2월 10일에 완성되었는데, 모차르트는 그다음 날 무대에 올라 초연을 펼칩니다. 연주회 날짜에 맞춰서 작곡하고 밤을 새워 연습한 뒤 바로 다음 날 무대에 올랐다니, 같은 가장으로서 모차르트에게 인간적인 동지애를 느끼게 됩니다.

그렇게 힘든 일정에서 써내려갔지만, 〈피아노 협주곡 20번〉은 모차르트의 27개 피아노 협주곡 중에서도 가장 명곡으로 평가받고 있습니다. 1악장은 무엇인가 탄식하는 느낌으로 시작합니다. 삶의 고통과 번뇌가 담겨 있는 느낌이 모차르트의 밝은 아름다움과는 조금 거리가 있습니다. 오케스트라와 피아노의 독주가 협력과 투쟁을 반복하는 모습이 인상적입니다. 2악장에서는 1악장과 반대로 아주 평온하고 따스한 느낌인데, 3악장에서는 다시 1악장의 고통과 번뇌가 더 격렬해집니다.

곧 만나게 될 아기에게 세상의 모든 좋은 것을 주고 싶은 것이 예비 부모의 마음이죠. 하지만 현실이 마음을 따라갈 수 없다면, 더 나은 미래를 위해 허리띠를 졸라매야 한다면, 모차르트의 음악을 들어보세요. 마음이 진정되면서 합리적인 소비를 하는 데 도움이 될 겁니다.

저는 모차르트 〈교향곡 40번〉 앨범을 여러 장 소유하고 있는데요, 단 한 장의 명반을 꼽으라고 한다면 조금의 망설임도 없이 빈필하모닉과 카를 뵘(1894~1981년 · 오스트리아)이 연주한 도이체그라모폰의 음반을 꼽겠습니다. 빈필하모닉은 수백 년 된 고악기로 연주하고, 연주자들마저 빈 출신이 대부분인 고집스러운 악단입니다. 여기에 장인정신으로 음악을 다 들어내는 카를 뵘의 지휘가 더해진 음반입니다. 특히 4악장의 도입 부분에서는 수십 명의 바이올린 주자들의 비브라토까지 일치하는데, 정말 전율을 느낄 정도입니다. 다른 어떤 연주보다 훨씬 느린 템포지만, 디테일을 잔인하리만큼 세밀하게 잡아내는 이 앨범은 단언컨대 모차르트 〈교향곡 40번〉 최고의 명반입니다.

그리운 친정엄마

● 모차르트 〈피아노 변주곡 K.265〉 '아, 어머니께 말할게요'
  주제에 의한 변주곡

한 회사에서 구인 광고를 냅니다. 인사 담당자는 면접을 보러 온 사람들에게 이렇게 설명을 하죠.

"이 직업의 이름은 '상황관리자'입니다. 기동성이 매우 중요하며, 일하는 내내 서 있어야 하죠. 업무 시간은 일주일에 135시간 이상, 휴식은 불가능합니다."

여기까지 듣던 한 지원자가 손을 번쩍 들고 묻습니다.

"이 직업이 합법적인가요?"

다시 설명이 이어집니다.

"식사는 함께하는 사람이 마친 후에만 할 수 있고, 일인다역을 해야 함은 물론 경우에 따라서는 밤을 새워야 할 수도 있습니다. 휴가는 없고 상대방을 위해 생명을 대신 희생해야 하는 경우도 있습니다. 유일한 장점이라면 업무 상대를 돕고 함께하면서 정서적 교감을 나눌 수 있다는 겁니다."

급여는 전혀 없다는 말까지 나오자 지원자들은 모두 고개를 절레절레 흔듭니다. 그런데 실제로 이 직업을 자발적으로 선택한 사람이 수억 명이나 된다고 하자, 지원자들의 눈이 휘둥그레집니다. 대체 어떤 사람들일까요?

네, 바로 이 세상의 모든 엄마들입니다. 지원자들은 이 말을 듣고 모두 감동의 눈물을 흘립니다.

예전에 한 회사에서 만든 영상의 내용인데, 저 역시 격하게 공감했던 기억이 새롭습니다. 많은 예비엄마들이 사실 엄마가 되기 전까지는 어머니란 존재의 위대함을 제대로 알지 못합니다. 저 역시 아버지가 되고 나서야 아버지란 존재의 무게를 실감하게 되었으니까요.

아이에게는, 특히 어린아이에게는 세상 누구보다 엄마가 절대적인 존재입니다. 모유 수유는 논외로 하더라도 엄마는 아무래도 아빠보다는 아이와 함께하는 시간이 많죠.

딸 입장에서는 어른이 되어서도 마찬가지인 것 같아요. 요즘처럼

맞벌이 부부가 많은 세상에서는 아기 엄마들도 친정엄마에게 많은 도움을 받기 마련입니다. 제 주변에도 출산 후 아예 친정엄마와 같이 살면서 도움을 받는 경우가 많습니다. 딸 입장에서는 시어머니보다 친정엄마가 편한 거야 뭐 말할 필요도 없는 얘기잖아요?

단순한 멜로디의
12번의 대변신

엄마 이야기를 하다 보니 자연스럽게 떠오르는 곡이 있습니다. 여러분들께는 〈반짝반짝 작은 별〉로 기억되는 곡일 겁니다. 바로 볼프강 아마데우스 모차르트(1756~1791년 · 오스트리아)의 〈피아노 변주곡 K.265〉 '아, 어머니께 말할게요' 주제에 의한 변주곡입니다.

이 곡은 1778년 모차르트가 프랑스를 여행하면서 들은 몇몇 노래의 멜로디를 차용해서 작곡한 곡인데, 주제가 바로 '아! 어머니께 말할게요'입니다.

이 곡에선 엄마와 딸이 등장합니다. 둘이 다정하게 이야기를 나누고 있는데, 딸에게 첫 남자친구가 생겼나 봅니다. 수줍은 듯 엄마에게

털어놓고 있네요. 엄마 역시 첫사랑에 빠진 딸의 이야기를 사랑이 듬뿍 담긴 표정으로 듣고 있고요. 멜로디만 들어봐도 사이좋은 엄마와 딸이 연상됩니다.

변주곡이란 하나의 주제가 되는 선율을 가지고 선율·리듬·화성 등을 다양하게 변형해 연주하는 기악곡입니다. 모차르트는 '도도솔 솔라라솔~' 이렇게 단순한 멜로디를 가지고 12개의 변주를 했습니다. 중간에 단조로 바뀌는 부분에선 '어떻게 이렇게 동심 가득한 멜로디를 구슬프게 바꿔낼 수 있을까?'라는 생각이 들기도 하고요.

테마는 매우 간단하지만, 뒤로 진행될수록 곡의 난도가 높아집니다. 모차르트 특유의 밝은 화음과 트릴로 진행되다가 중간에 조바꿈도 이루어지죠. 끝부분에 가면 첫 부분의 테마가 거의 생각나지 않을 정도로 화려해집니다. '이 곡이 이렇게 어려운 곡이었어?'라는 생각이 절로 들 정도로요. 그래서 아마추어가 이 곡을 연주하려면 무수한 연습이 필요합니다. 많은 학생들이 의욕적으로 덜러들었다가 끝까지 하지 못하고 포기하는 경우도 많고요.

어쩌면, 엄마와 자식 간의 관계가 이 곡과 닮았을지도 모른다는 생각이 듭니다. 아이가 태어나고 자라는 몇 년 동안은 세상에서 가장 친밀한 관계가 모자간 또는 모녀간입니다. 가장 순수한 관계, 본능에 충실한 아름다운 관계지요. 그러나 아이가 조금씩 자아를 형성하게 되면서 둘 사이엔 갈등이 생깁니다. 시간이 흐를수록 어려워지는 관계라고나 할까요? 그러나 그런 시련을 겪으면서 둘 사이는 더 단단해지고 성숙해집니다. 곡 후반부로 갈수록 난도는 높아지지만, 화려하고 영롱하며 환한 기쁨을 주는 이 곡처럼 말입니다.

앞서도 언급했지만, 모차르트의 피아노곡은 클라라 하스킬(1895~1960년·루마니아)의 연주가 가장 평이 좋습니다. 또한 유튜브에는 모차르트가 살았던 당시의 피아노로 연주하는 영상들이 꽤 많이 올라와 있습니다. Steven Lubin이라는 피아니스트가 연주한 영상이 꽤 인상적입니다.

임신 15주 차

우울할 때는 슬픈 음악을

● 베토벤 〈피아노 소나타 7번〉 2악장

임신우울증, 달갑지 않은 단어입니다. 그러나 많은 분들이 겪는 일이죠. 심리적인 이유는 논외로 하고, 임신우울증의 주 원인은 호르몬이라고 합니다. 아기를 갖게 되면 몸에 분비되는 호르몬이 평상시와 달라지는데, 노르에피네프린과 세로토닌이 균형을 잡지 못하다 보니 감정이 오락가락하고 쉽게 슬픔에 빠지게 되는 거죠.

그럴 때는 애써 감정을 부정하지 마세요. 슬플 때는 온전히 슬픔에 집중해줘야 오히려 그 감정에서 쉽게 빠져나올 수 있다고 하거든요. 기분이 우울해지면, 슬픈 음악을 들어보세요. 마음에 집중하는 데 도움이 됩니다.

정말 깊은 슬픔을 표현한 음악으로 저는 단연 루트비히 판 베토벤(1770~1827년·독일)의 〈피아노 소나타 7번〉의 2악장을 꼽습니다. 베토벤이 하이든과 모차르트의 영향을 받았던 초기의 작품이지만, 이 곡에서 이미 두 거장의 영향을 벗어나고 있는 것을 볼 수 있습니다.

우선 피아노 소나타로는 파격적인 4악장의 구성이 눈에 띕니다. 보통 피아노 소타나는 3악장으로 구성됩니다. 4악장 구성은 교향곡에나 일반적이지요. 아마 베토벤은 대곡을 작곡하려고 마음을 단단히 먹었었나 봅니다.

깊은 슬픔이란
바로 이런 것!

　　　　　D장조의 곡이라서 1, 3, 4악장은 밝고 힘찬 멜로디로 구성되어 있습니다. 2악장만 유일하게 D단조인데, 어떻게 이렇게 깊은 심연을 나타낼 수 있을까 싶을 정도로 장엄하고 깊은 슬픔을 느낄 수 있습니다.

연주 시간 역시 10분에 가깝습니다. 짧은 소나티네는 전 악장을 연주해도 10분 미만이고, 소나타 역시 10분이 안 되는 곡이 많습니다.

따라서 2악장의 길이가 10분이 된다는 것은 그만큼 베토벤이 표현하고 싶은 감정이 많았다는 얘기겠지요. 이 곡은 베토벤의 작품 중 '로맨틱'이라는 단어가 어울리는 몇 안 되는 곡 중 하나로 유명합니다.

베토벤은 특히 2악장 머리에 'largo e mesto'라고 적어놨습니다. largo는 '매우 느리게', mesto는 '슬프게, 우울하게'라는 뜻을 가지고 있으니 '슬픔에 빠져 처연하고 느리게' 정도로 해석할 수 있겠죠. 또한 베토벤은 이 곡을 작곡한 뒤에 제자들에게 다음과 같이 말했다고 합니다.

"슬픔에 빠져 있는 감정을 빛과 그림자의 뉘앙스로 그려내려고 노력했다."

저는 이 곡을 대학 시절 과제곡으로 만났습니다. 별생각 없이 악보를 읽고 연습에 들어갔는데, 2악장을 시작할 때 무척이나 놀랐습니다. 왜냐히면 이 곡을 작곡할 당시(1796~1798년) 베토벤은 작곡가로는 굉장히 젊다고 할 수 있는 20대였거든요. 그 나이에 어떻게 이런 멜로디와 화음을 사용할 수 있을까, 믿기지 않을 정도였습니다. 시간이 흘러서 제가 조금 더 원숙한 음악을 할 수 있게 된다면 꼭 녹음해보고 싶다는 생각이 들었습니다.

베토벤이 젊은 나이에 이처럼 깊은 슬픔을 피아노로 표현해낼 수 있었던 것은, 그가 평생 불행했기 때문일 수도 있습니다. 엄한 아버지 밑에서 자란 그의 유년 시절은 행복과는 거리가 멀었고, 성인이 된 후에는 청력뿐만 아니라 폐, 간, 신장에도 문제가 있었습니다. 무엇보다 베토벤은 심각한 우울증에 시달린 것으로 알려져 있습니다. 특히 청력 문제로 매우 고통스러워하던 1802년에는 두 동생에게 유서를 남겼을 정도였다고 합니다.

이 곡 〈피아노 소나타 7번〉을 작곡하던 시기는 베토벤에게 막 청각 장애가 시작되던 때였습니다. 음악가로서 베토벤이 느꼈을 고통과 좌절, 상심이 얼마나 깊었을지 감히 상상조차 할 수 없습니다. 그러나 저는 이 곡을 직접 녹음하는 날을 아직도 기다리고 있습니다. 깊은 슬픔을 연주하면서 제 자신의 슬픔을 오롯이 들여다볼 수 있는 힘을 갖게 될, 바로 그날을 말입니다.

'피아노의 신약성서'인 베토벤의 소나타인 만큼 다양한 연주자들의 음반이 나와 있습니다. 빌헬름 켐프(1895~1991년·독일)와 알프레트 브렌델(1931~·오스트리아)의 연주는 베토벤 소나타의 교과서라고 할 만큼 탄탄하고 형식미가 넘칩니다. 저는 에밀 길렐스(1916~1985년·우크라이나)의 실황 연주가 특별히 기억에 남습니다. 베토벤이 표현한 깊은 슬픔을 덤덤하지만 비장하게 잘 풀어나가거든요. 속도 또한 급하지 않고요. 물론 관객들의 기침 소리, 피아노 의자의 삐걱거리는 소리 등 감상을 방해하는 요소가 있긴 하지만, 그런 소리들 역시 실황 녹음의 또 다른 매력이라고 생각하면 큰 문제가 되지는 않습니다.

아름다운 추억을 더하는 이벤트

● 생상스 〈백조〉 CD.7

저는 전국의 여러 공연장을 다니며 태교 음악회를
진행하고 있습니다. 한두 번 음악회를 해본 것도 아닌데, 무대에 오를
때마다 엄청난 책임감을 느끼곤 합니다. 배가 제법 나온 임산부들과
예비아빠들을 보면 마음이 짠하거든요.

태교 음악회는 보통 저녁 7시에 열립니다. 그러면 회사에서 정시 퇴
근을 해야 한다는 얘긴데, 요즘 우리 사회에서 보통 눈치 보이는 일이
아니잖아요? 저녁식사를 챙겨 먹기도 빠듯한 시간인데, 배 속 아기와
의 추억을 만들겠다고 헐레벌떡 달려오신 분들이니 제 어깨가 무거
워질 수밖에요. 객석의 예비엄마·아빠들이 '태교 음악회에 오길 잘

했다'고 느낄 수 있도록 최선을 다할 수밖에 없습니다.

공연 지역마다 관객들의 분위기는 사뭇 다릅니다. 어떤 공연장은 시종일관 조용한 분위기고, 어떤 공연장은 들썩들썩합니다. 미취학 아동이 많을수록 공연장 분위기가 명랑해진다고나 할까요?

어쨌든 저는 음악회를 유연하고 편안한 분위기로 이끌기 위해 노력하는데, 미취학 어린이들이 부모님과 함께 오는 경우가 많기 때문에 아무래도 쉬운 해설에 공을 들이게 됩니다. 배 속의 아기는 물론 예비엄마·아빠들이 친숙하게 느낄 만한 음악을 주로 고르고요.

태교 음악회 무대에 설 때마다 매번 연주하는 곡이 하나 있습니다. 바로 카미유 생상스(1835~1921년·프랑스)의 〈백조〉라는 곡입니다. 초등학교 교과서에도 나올 만큼 유명한 곡인데, 아마 많은 분들이 알고 있는 곡일 겁니다.

반짝이는 호수, 우아한 백조

〈백조〉는 〈동물의 사육제〉라는 관현악 모음곡 중 한 곡입니다. 우선 〈동물의 사육제〉에 대해서 알아볼까요? 이 곡은 생상스가 오스트리아의 어느 시골에서 본 사육제 행렬에서 영감을 얻어 작곡한 것으로 알려져 있습니다. 총 14곡으로 이뤄져 있는데, 제목처럼 각종 동물들이 등장합니다. 사자왕, 암탉과 수탉, 당나귀, 거북이, 코끼리, 캥거루, 물고기, 귀가 긴 등장인물(집당나귀 또는 노새), 뻐꾸기 등등…. 심지어 '피아니스트', 즉 인간도 등장합니다. 전체적으로 아기자기하고 해학이 넘치는 자유로운 분위기죠.

〈백조〉는 제13곡에 해당하는데, 앞의 다른 곡들과는 달리 고전적인 아름다움이 넘칩니다. 선율 자체가 너무나도 우아하죠. 생상스는 생전에 〈동물의 사육제〉 총 14곡 중에서 오로지 이 곡만 출판을 허락했다고 합니다. 이유에 대해서는 여러 가지 설이 있는데, 진실은 오직 생상스만이 알고 있겠죠. 어쨌든 결국 이 곡은 작곡가가 세상을 뜬 후에야 전곡이 출판되었습니다. 그래도 〈백조〉는 유독 많은 사람들의 사랑을 얻었고, 그러다 보니 아예 이 곡만 따로 독주로 연주하는 경우가 훨씬 많아졌습니다. 원래는 첼로의 독주에 하프가 반주를 하게끔 작곡되었는데, 이 곡만 따로 연주될 때는 피아노가 반주를 맡습니다.

피아노 반주는 햇빛을 받아서 밝게 일렁이는 호수의 모습을 표현하고, 첼로의 선율은 우아한 백조의 자태를 나타냅니다. 정말 백조라는 이름이 이토록 잘 어울리는 곡이 또 있을까 싶을 정도죠.

만약 배 속의 아기가 딸이기를 원한다면, 백조처럼 우아한 공주님을 상상하면서 이 곡을 감상해보세요. 만약 배 속의 아기가 아들이기를 바란다면, 백조처럼 기품 있는 왕자님을 상상하면서 이 곡을 들어보세요. 무엇을 상상하든, 행복한 시간이 될 겁니다. 증정 CD에선 첼리스트 강희윤과 제가 호흡을 맞췄습니다.

첼리스트 파블로 카살스(1876~1973년 · 스페인)의 앨범을 들으면 아날로그 녹음의 따스함과 복고적인 사운드를 느낄 수 있습니다. 한국 첼리스트 김영민의 연주는 굉장히 집중된 사운드가 돋보입니다.

음식을 더 맛있게 만들어주는 마법

● 모차르트 〈아이네 클라이네 나흐트무지크〉 CD.3

음악에도 T.P.O*가 있습니다. 특히 음식을 먹을 때가 그런데요, 만약 식사 시간이나 티타임에 베토벤의 〈운명 교향곡〉이나 바흐의 〈토카타와 푸가〉같이 심각하고 무거운 곡을 듣는다면 소화가 잘될 리가 없겠지요?

이번에 함께 들을 음악은 모차르트의 〈아이네 클라이네 나흐트무지크〉입니다.

* Time, Place, Occasion의 머리글자로, 옷을 입을 때의 기본 원칙을 나타낸다. 즉 옷은 시간, 장소, 상황에 맞게 입어야 한다는 점을 강조하는 말이다.

모차르트가 살던 시대는 물론이고 그 이전 세대의 귀족들은 식사 시간에도 연주자들을 데려다가 연주를 시키는 경우가 많았다고 합니다. 지금도 특급호텔에 가면 실내악을 연주하는 중주단을 볼 수 있는 것처럼요. 물론 그런 자리에서 연주되는 음악은 듣기에 편하고 밝은 경우가 대부분입니다. 〈아이네 클라이네 나흐트무지크〉는 식사하면서 듣기 좋은 클래식입니다.

처음부터 끝까지
밝고 사랑스러워

영화 〈아마데우스〉의 시작 부분에서 볼프강 아마데우스 모차르트(1756~1791년 · 오스트리아)의 경쟁자로 나오는 살리에리는 젊은 신부에게 자신의 대표곡을 들려줍니다. 그러나 신부에게는 매우 생소한 곡일 뿐이죠. 이번엔 살리에리가 〈아이네 클라이네 나흐트무지크〉의 도입 부분을 흥얼거립니다. 신부는 밝은 표정으로 같이 따라 부릅니다. 아주 잘 아는 곡이라며 반기면서 말이죠. 그만큼 모차르트의 수많은 명곡 중에서도 널리 알려진 곡입니다. 시종일관 밝고 사랑스러운 분위기로 진행됩니다.

〈아이네 클라이네 나흐트무지크〉를 영어로 쓰면 'A Little Serenade' 입니다. 우리말로 옮기자면 '작은 세레나데' 정도가 되겠지요. 세레나데의 주 수요층은 당시 연회를 즐기던 귀족들이었고, 모차르트 역시 수많은 세레나데를 작곡했습니다. 귀족들의 연주회장에서 많이 연주된 곡인 만큼 초연에 대한 기록은 남아 있지 않습니다. 모차르트 사후에 그의 부인이었던 콘스탄체가 출판업자에게 악보를 넘기면서 1827년 처음으로 출판되었습니다.

원제가 〈세레나데 13번 K.525〉인 이 작품은 원래는 현악 4중주로 연주되는 곡이지만, 콘트라베이스가 추가되거나 아예 소규모 오케스트라로 연주되는 경우도 많습니다. 많은 연주자들이 이 곡을 연주했고, 요즘도 엄청난 양의 음반과 연주 영상이 쏟아져 나오고 있죠.

1악장은 힘찬 유니슨˙으로 시작합니다. '솔~~레솔~~레솔레솔시레~~' 이 멜로디는 누구나 한 번쯤은 들어봤을 겁니다. 밝고 가벼운 느낌으로 곡이 진행되다가 2악장 안단테에서는 편안하고 느린 멜로디로 듣는 이의 마음을 편안하게 풀어줍니다. 이어지는 3악장은 춤곡

˙몇 개의 악기 혹은 오케스트라 전체가 같은 음 혹은 같은 멜로디를 연주함

인 미뉴에트이고, 마지막 악장은 빠른 론도 형식으로 당시에 많이 쓰인 실내악 구성을 따르고 있습니다.

이제 입덧도 대부분 가라앉았을 시기입니다. 한가로운 주말이라면, 느지막이 일어나서 간단하게 씻고 편안한 차림으로 멀지 않은 브런치 식당을 찾아보세요. 거짓말처럼 〈아이네 클라이네 나흐트무지크〉가 여러분을 반겨줄지도 모릅니다.

추천음반

매우 많은 음반이 나와 있기에 그중엔 조금 미흡한 음반이 있을 수도 있습니다. 레이블과 연주 단체를 확인해보면 낭패를 면할 수 있습니다. 세인트마틴인더필즈의 연주가 매우 훌륭합니다.

꼬물꼬물 첫 태동을 느낀 날

● 베토벤 〈교향곡 3번_영웅〉 1악장

아이를 갖고 한 5개월쯤 되었을 때였어요. 아내와 이런저런 의견 차이로 심하게 다투고 속상한 마음에 친구들과 술을 엄청 마시고 있었습니다.

그 와중에 문자가 왔어요.

'돼랑이 태동했다!'

문자를 보는 순간, 제 태도는 180도 달라졌겠죠? 신세 한탄을 하면서 푸념만 늘어놓던 제가 순식간에 다른 사람이 되더군요. 아, 돼랑이는 제 아들의 태명이었습니다. 그저 건강하고 튼튼하게 태어나주길 바라는 마음을 담은 소박한 태명이죠.

“야야야~. 우리 아이가 태동했대! 우와, 대박!! 야, 마셔 마셔.”

친구들의 반응 또한 그리 다르지 않았습니다.

“어이구, 저 팔불출. 그래, 마시자 마셔!”

제 아이의 태동이 술자리 분위기를 완전 바꿔놓은 거죠. 그날 기분 좋게 취해서 집에 들어갔던 기억이 생생합니다.

태아가 엄마 배 속에서 움직이기 시작하는 것은 임신 10~12주 즈음이지만, 실제로 임산부가 태동을 느끼기 시작하는 것은 20주 전후라고 합니다.

탄산수처럼
상큼하게 톡톡!

하지만 제가 직접 태동을 확인한 건 그로부터 꽤 시간이 흐른 뒤였어요. 엄청난 설렘을 갖고 기다려봤지만, 녀석은 좀처럼 움직이지 않았거든요. 그러니까 예비아빠분들, 아내를 귀찮게 하지 마세요.

오랫동안 기다린 덕분인지, 그 감동은 이루 말할 수 없을 정도로 컸습니다. 처음 초음파로 아이의 심장 소리를 들었을 때보다 몇 배는 더 감동적이었어요. 심장 소리는 기계의 힘을 빌려 듣는 거지만, 태동은 직접 몸으로 아이를 느끼는 거잖아요. 배 속에서 콩알만 하던 아이가 어느덧 자라서 움직인다는 것, 정말 경이로운 일입니다. 그리고 임신이라는 조금은 익숙한 일상에 뭔가 톡! 하고 터진 상큼한 사건이기도 하고요. 이렇게 태동처럼 상큼하게 톡톡 튀는 클래식 음악에는 어떤 곡이 있을까요?

조금은 갸웃할 수 있겠지만, 저는 루트비히 판 베토벤(1770~1827년·독일)의 〈교향곡 3번 _ 영웅〉 1악장을 추천하고 싶습니다.

태동처럼 상큼하게
긍정 에너지 가득

이 곡은 원래 베토벤이 나폴레옹을 기리기 위해 작곡한 곡입니다. 베토벤은 나폴레옹을 로마의 위대한 집정관에 비유하며, 만인이 평등한 사회를 실현해줄 위대한 군인이라고 생각했습니다. 하지만 그는 베토벤의 기대를 저버리고 스스로 황제가 됩니다. 이 소식을 들은 베토벤은 불같이 화를 내면서 악보 표지에 써놓았던 나폴레옹의 이름 '보나파르트'를 찢어버리지요. 당시 그는 "나폴레옹도 어쩔 수 없는 평범한 인간에 지나지 않는구나!"라고 소리를 지른 것으로 전해지고 있습니다. 그렇게 해서 이 교향곡은 〈에로이카〉, 즉 '영웅'이라는 새 이름을 얻습니다. 이 흔적은 현재 오스트리아 빈에 가면 확인할 수 있다고 합니다.

1805년 이 곡이 초연되었을 때, 대중들의 반응은 싸늘했습니다. '어렵고 생소하며, 연주 시간이 너무 길다'는 것이 당시의 평가였습니다. 연주회 다음 날 한 신문에는 "이 작품이 일반인에게 이해되려면 앞으로 많은 시간이 흘러야 할 것이다"라는 음악평이 실리기도 했다죠. 물론 이 곡은 시간이 흐를수록 정당한 평가를 받게 됩니다.

1악장은 연주 시간이 무려 14분이 넘습니다. 위대한 영웅을 찬양하기 위해 만든 만큼, 경쾌하고 밝은 화음으로 시작하죠. 그리고 영웅이라면 으레 연상되는 이미지처럼 샘솟는 에너지와 긍정적인 기운이 악장 선반에 흐릅니다. 마치 엄마 배 속에서 발길질하는 아기의 태동 같다고나 할까요.

2악장은 그 유명한 '장송 행진곡'입니다. 훗날(1821년) 나폴레옹이 세인트헬레나 섬에서 죽었다는 소식을 들은 베토벤은 이렇게 말합니다. "나는 그 죽음에 걸맞은 곡도 이미 준비해놓았다." 바로 2악장을 일컬은 것인데, 당연히 분위기는 전체적으로 어둡습니다. 3악장은 빠른 스타카토의 움직임을 보여주고, 4악장은 힘차게 마무리됩니다.

아기의 첫 태동에 마음이 벅차오르는 분, 다시 한 번 아이의 태동을 느끼고 싶은 분은 베토벤의 〈교향곡 3번〉 1악장에 도움을 청해보세요. 상큼하면서도 활력이 느껴지는 아름다운 선율에 어쩌면 아기가 '툭툭' 힘차게 반응할지도 모릅니다.

연주 시간이 조금 길더라도 아이를 위해서 즐거운 마음으로 감상해보세요. 도이체그라모폰에서 나온 헤르베르트 폰 카라얀(1908~1989년·오스트리아)과 베를린필하모닉의 연주가 가장 유명합니다. 영상으로도 접하기 쉽고요.

아빠인 제가 직접 태동을 확인한 건

꽤 시간이 흐른 뒤였어요. 그리고

오랫동안 기다린 덕분인지,

그 **감동**은 이루 말할 수 없을 정도로 컸습니다.

처음 초음파로 심장 소리를 들었을 때보다

몇 배는 더 감동적이었어요.

태동은 직접 몸으로 아이를 느끼는 거잖아요.

배 속에서 콩알만 하던 아이가

어느덧 자라서 움직인다는 것,

정말 경이로운 일입니다.

태아에게 전하는 희망찬 메시지

● 〈오솔레미오〉

아이의 움직임을 느끼기 시작했다면, 이제 태담을 시작할 때입니다.

태담이란 말 그대로 배 속의 아이와 도란도란 대화를 주고받는 것입니다. 산책을 하면서, 그림을 보면서, 음악을 들으면서 아이에게 말을 걸어보세요. 태아의 두뇌 발달과 정서적 안정에 큰 도움이 된다고 합니다. 특히 아빠의 굵고 믿음직한 목소리가 효과적이라고 하니, 매일 아기에게 아빠의 목소리를 들려주세요.

그렇다고 무작정 아내의 배에 얼굴을 들이대고는 "○○야, 나야 아빠. 잘 자라고 있는 거지?" 이게 끝이면 곤란합니다. 무슨 태담이 그러냐는 핀잔이 바로 날아올 테니까요. 7년 전 제가 그랬던 것 같습니다.

태양이 떠오르듯
마음에 희망이

　　　　맞아요. 태아는 엄마·아빠가 하는 말을 정확히는 알 수 없을 겁니다. 하지만 그 느낌은 알겠지요. 많은 분들이 동화책을 읽어주는데, 제 생각엔 태아에겐 좀 길지 않을까 싶습니다. 그보다는 긍정적이고 의지가 솟아오르는 말, 아름답고 힘이 나는 짧은 이야기를 들려주는 게 좋지 않을까요? 반복해서 듣다 보면, 아이의 무의식에 분명 좋은 영향을 미칠 겁니다.

노래도 마찬가지인 것 같아요. 이왕이면 기억하기 쉽고 같은 가사가 반복되는 밝고 따뜻한 노래를 들려주세요. 이를테면 〈오솔레미오〉 같은 노래요. 이 노래엔 '오솔레미오', 즉 '오, 나의 태양'이라는 가사가 여러 차례 나온답니다.

오 맑은 태양이 나의 가슴에 안기며
추억이 쌓인 푸른 바다로 떠나요.

눈부신 흰 파도 꿈을 꾸는 모래빛

그대와 둘만의 축제의 노래를

이 밤이 새도록 아침이 밝아오도록

그대가 들려주는 정열의 사랑 노래를

오솔레미오 영원한 내 사랑

그대를 만나 장미꽃 사랑이 내게 온 것 같아요.

석양이 물들 때, 황홀한 오션카페에

사랑을 나누는 이 모든 연인들 춤을 춰

이런 날을 기다렸어 영화처럼 멋진 꿈을

모두 다 불러요 사랑의 노래를

이 밤이 새도록 아침이 밝아오도록

그대가 내게 들려준 정열의 사랑 노래를

오솔레미오 영원한 내 사랑

그대를 만나 장미꽃 사랑이 내게 온 것 같아요.

아름다운 내 사랑아

오늘이 가도 그 마음 변치 말아주세요.

오솔레미오 영원한 내 사랑

그대를 만나 장미꽃 사랑이 내게로 온 것 같아요.

이 곡은 더 이상의 설명이 필요 없는 '나폴리 민요의 대명사'입니다. 19세기 말에 발표된 곡으로, 자연의 아름다움과 사랑하는 사람에 대해서 노래하고 있습니다. 푸른 바다, 하얀 파도, 붉은 석양, 그리고 아름다운 내 사랑……. 가사만 봐도 벌써 기분이 좋아지지 않나요? 우리 아기의 가슴에도 분명 희망찬 태양이 떠오르고 있을 겁니다.

세상을 떠난 지 몇 년이 지났지만, 〈오솔레미오〉는 루치아노 파바로티(1935~2007년 · 이탈리아)가 단연 최고입니다. 플라시도 도밍고(1941~ · 스페인), 호세 카레라스(1946~ · 스페인)와 함께 세계 3대 테너로 활동하며 서울에서도 공연을 펼쳤었죠. 특히 고음역대에서 쭉쭉 뻗어나가는 파바로티의 목소리를 들어보면 정말 속이 뻥! 뚫리는 느낌이 듭니다.

배 속 아기도 기억할 쉬운 멜로디

● 드보르자크 〈유머레스크〉 ^{CD.1}

제가 아는 음악학원장께서 젊은 시절 유치원 원장으로 일할 적의 에피소드입니다. 그분이 학예회를 앞두고 합주곡으로 드보르자크의 〈유머레스크〉를 선정해 아이들과 무려 석 달 동안 연습을 했답니다. 원장님이 임신 5개월이었을 때였습니다.

시간이 흘러 딸아이가 태어났고, 돌이 지났습니다. 어느 날 딸과 함께 버스를 탔는데, 라디오에서 〈유머레스크〉가 흘러나왔습니다. 그런데 아이가 흥얼흥얼 따라 부르더랍니다. 태어나서 한 번도 들어본 일이 없던 곡을요. 순간 엄청난 경이로움을 느꼈다고 합니다. 또한 그때 그 아이는 아주 예쁘게 성장해서 현재 실용음악과에 재학 중이라고 합니다.

쉬운 멜로디와 화음,
듣기도 연주하기도 쉬워

20주면 태아는 이미 청각이 있습니다. 엄마·아빠 목소리를 듣고, 휴대전화 벨소리는 물론 엄마가 듣는 음악도 그대로 듣습니다. 태교로 클래식 음악을 들어야 하는 이유 중 하나가 바로 이 때문입니다.

자, 그럼 처음 이야기로 돌아가서 〈유머레스크〉에 대해서 알아볼까요?

이 곡의 작곡가인 안토닌 드보르자크(1841~1904년·체코)는 음악계의 아웃사이더였습니다. 당시 클래식 음악계는 독일과 오스트리아 출신들이 주류를 이루고 있었는데, 드보르자크는 변방이나 다름없는 체코 출신이었으니까요. 게다가 그는 정육점을 하는 가난한 집안의 장남이었고 실제로 정육 면허를 소지하고 있었다고 합니다.

그런 환경 속에서 드보르자크는 어떻게 음악 공부를 시작할 수 있었을까요? 그 사연이 매우 흥미롭습니다. 그의 아버지는 장남이 가업을 잇기를 원했습니다. 그래서 아들이 13살 때부터 과외 선생님을 두고 독일어를 배우게 하죠. 그런데 그 독일어 선생님은 유능한 음악가이기도 했습니다. 드보르자크는 언제부턴가 독일어 공부 외에 악기와 음악 이론, 그리고 작곡 공부를 시작했고, 정육점 주인이 아닌 위대한 음악가를 꿈꾸기 시작합니다. 그에게 음악은 운명이었던 것이죠.

그리고 그는 꿈을 실현했습니다. 당대 최고의 작곡가로 칭송받던 요하네스 브람스(1833~1897년·독일)의 애제자가 되었죠. 그럼에도 불구하고 사람들은 여전히 그를 체코 출신 촌놈이라며 무시를 했다고 합니다.

하지만 그 촌놈 출신이라는 것, 어찌 보면 음악가로서는 장점일 수도 있습니다. 음악을 전문적으로 공부하지 않은 일반 대중들의 감성을 더 잘 이해할 수 있으니까요. 저 역시 어린 시절부터 엘리트 음악 교육만 받아온 친구들이 대중의 취향을 잘 모르는 경우를 많이 봐왔고요.

드보르자크는 콧대 높고 뭔가 특별한 사람인 것처럼 행동하며 일반인들이 이해하기 힘든 곡을 작곡했던 주류 음악가들과는 달리, 대중들이 쉽게 이해할 수 있는 음악들을 만들었습니다.

〈유머레스크〉 역시 가요풍의 쉬운 멜로디와 화음들로 연주하기도 쉬운 곡이지요. 덕분에 많은 사람들의 사랑을 받았는데, 어떤 작곡가는 이 곡을 "베토벤의 〈엘리제를 위하여〉 다음으로 유명한 피아노 소품곡"이라며 높게 평가했습니다. 오늘날에도 오케스트라, 실내악, 바이올린, 피아노 등 다양한 악기 버전으로 편곡되어 많은 사랑을 받고 있는 걸작이지요.

원래 유머레스크는 19세기에 널리 보급된 유머러스한 기악곡입니다. 드보르자크의 작품 외에도 쇼팽, 차이콥스키의 작품이 유명합니다. 저도 여러분들께 들려드리고 싶어서 직접 트리오 구성으로 녹음을 했습니다. 즐거운 감상이 되길 바랍니다.

추천음반

국내 플루트 연주자인 인경선의 연주가 상당히 색다른 느낌을 줍니다. 이 곡은 보통 오케스트라나 피아노, 현악기로 연주되는데, 목관악기인 플루트의 부드럽고 맑은 소리가 태교음악으로 잘 어울립니다.

기분이 오르락내리락하는 날

● 이바노비치 〈다뉴브 강의 잔물결〉

아내의 임신 기간 중 제가 느꼈던 제일 큰 감정은 '이제 진짜 정신 똑바로 차리고 살아야 한다, 방심하면 한순간이다' 라는 가장으로서의 책임감이었습니다. 군에서 제대한 지 2년밖에 안 된 시점인 데다가 음악을 전공했기에 안정적인 직장생활을 하는 것도 아니었으니까요. 자리를 잡기 위해서 정신없이 바빴던 시절이라서 감정 기복을 느낄 새도 없었습니다.

그러나 임산부들은 대부분 감정 기복이 심해지죠. '다들 이렇게 입덧이 심한 건가?' '엄마가 된다는 건 대체 어떤 걸까?' '나는 좋은 엄마가 될 수 있을까?' '똑같은 일에 시댁과 친정의 반응은 왜 이리 다른 걸까?' '평소라면 크게 한 번 웃고 넘어갈 작은 일에 왜 이리 울컥거리는 걸까?' 여고생 때랑은 비교도 안 될 정도로 격한 감정의 변화를 겪는 분들도 많다고 들었습니다.

클래식 음악 중에서도 감정 기복이 심하기로 유명한 곡이 있습니다. 이바노비치의 〈다뉴브 강의 잔물결〉입니다.

기쁨과 슬픔, 밝음과 애절함
다양한 감정의 향연

이오시프 이바노비치(1845?~1902년·루마니아)는 루마니아의 군악대 지휘자였고, 300여 곡이 넘는 행진곡과 무곡을 작곡한 음악가입니다. 하지만 정작 현재까지 많은 사람들의 사랑을 받고 있는 곡은 군대용 음악이 아니라 〈다뉴브 강의 잔물결〉입니다. 우울함과 기쁨, 애절함과 밝음 등 다양한 감정들이 녹아 들어가 있기 때문이 아닐까 싶습니다.

특히 우리나라에서는 영화 〈사의 찬미〉에 삽입되면서 널리 알려졌지요. 한국 최초의 여성 성악가 윤심덕과 애인 김우진의 사랑을 그린 영화에서 윤심덕은 이렇게 노래합니다.

"광막한 황야를 달리는 인생아, 너는 무엇을 찾으러 왔느냐? 이래도 한 세상 저래도 한 세상……. 돈도 명예도 사랑도 다 싫다."

바로 〈다뉴브 강의 잔물결〉의 선율에 노랫말을 붙인 곡입니다.

이 곡의 제목을 〈도나우 강의 잔물결〉이라고 알고 있는 분들도 있을 거예요. 결론적으로는 둘 다 맞습니다. 독일에서 시작돼 오스트리아와 헝가리, 루마니아와 불가리아를 거쳐 흑해로 흐르는 도나우는 '유럽 제2의 강'으로 불립니다. 일반적으로 유럽에서는 '도나우(독일식 발음) 강'이라 하고, 미국에서는 영어식 발음으로 읽다 보니 '다뉴브 강'으로 알려져 있을 뿐입니다. 아무래도 유럽보다는 미국이 더 친근한 우리나라에서는 〈다뉴브 강의 잔물결〉이라는 표현을 더 선호합니다.

서주는 강한 화음으로 시작됩니다. 탄식하는 듯한 레치타티보* 양식의 선율이 올라갔다가 내려오며 한 사람이 자신의 슬픔을 독백으로 풀어내는 듯한 인상을 줍니다. 그러곤 다양한 변주가 나오는데, 장조와 단조를 오가며 곡이 진행되죠. 그런데 장조와 단조를 너무나 자연스럽게 오가기 때문에, 이 작곡가가 조울증이 걸려서 곡을 썼나 하

* 오페라나 종교극에서 대사를 말하듯이 노래하는 형식

는 생각이 들 정도입니다. 그리고 변주를 지속하다가 마지막에는 힘찬 C장조의 코드로 끝납니다. '이것저것 힘들고 슬픈 일이 있어도, 그래도 힘을 내자!'는 훈훈한 마무리죠.

지금 당장 마음이 힘들어도 태아를 위해서 힘을 내보시길 바랍니다! 〈다뉴브 강의 잔물결〉의 마무리처럼 곧 아이와 만날 행복한 순간이 다가올 테니까요.

당장 인터넷에 검색해보면 수많은 동영상이 나오는 곡입니다. 다양한 악기들의 연주도 좋습니다만, 우리나라에 이 곡이 널리 알려지게 된 계기를 제공한 윤심덕이 부른 〈사의 찬미〉 영상을 경험해보는 것은 어떨까요? 분명 색다른 경험이 될 것입니다.

아이를 키우는 과정이 궁금하다면

● 크라이슬러 〈사랑의 슬픔〉 CD.2

　　　　　　오늘은 태교에서 한발 더 나아간 이야기를 해볼까 합니다.

아이가 태어나고 나서 제일 힘들었던 때는 한두 돌 사이였던 것 같습니다. 시도 때도 없이 울어대서 밥 한 끼를 먹으려면 입으로 들어가는지 코로 들어가는지 알 수가 없죠. 또 아이를 먹이려면 엄청난 인내심이 필요하고, 간신히 다 먹이면 잘 토닥여서 재워야 하고, 자는 동안 밀린 일 좀 하고 쉬려고 하면 어느새 다시 깨서 울어대고……. 정말 다크서클이 무릎까지 내려온다는 게 어떤 건지 실감하게 됩니다.

아이가 세상에 나오기 전까지는 정말 설레고 기다려지지만, 그 뒤에는 가끔씩 '엄마 배 속으로 다시 들어가서 일주일만 있다가 나왔으면 좋겠다'는 생각이 간절할 때가 있답니다. 이미 아이를 길러본 분들께서는 다 동감하실 거예요. 그리고 첫 아이를 기다리는 분들은 미리 마음의 준비를 해야 할 겁니다.

솔직히 고백하건대, 저는 아이를 침대에 던져버리고 싶었던 적이 한두 번이 아니었습니다. (물론 실제로 그런 적은 없지만요.) 이를테면 새벽 2시에 자다 깨서 끝없이 빽빽 울어대는 아이를 안아서 재우려면 엄청난 인내심이 필요합니다. 침대에서 잘 놀던 아이가 갑자기 굴러 떨어지면 처음엔 심장이 쿵! 내려앉아요. 그러다 아이가 멀쩡한 걸 알게 되면 마음이 놓이다가도, 달래고 달래도 계속 울어대면 미혼인 친구들이 엄청 부러워집니다.

하지만 부모가 되었다는 뿌듯함, 잠든 아이를 바라보면서 느끼는 따뜻함은 그 고단하고 힘든 일상을 삶의 한 과정으로 자연스럽게 받아들이게 해줍니다.

어둡고 고단한 멜로디로 시작해
밝고 행복한 마무리

프리츠 크라이슬러(1875~1962년·오스트리아)의 〈사랑의 슬픔〉이라는 곡은 꼭 아이를 키우는 과정과 같은 느낌이에요. 끊임없이 칭얼거리는 아이를 달래는 심정과 같다고나 할까요? 처음에는 굉장히 어둡고 구슬픈 곡조로 탄식하는 듯하다가 어느새 장조로 바뀌어서 밝은 선율로 노래를 합니다. 그러다가 다시 앞에 나온 고단한 멜로디가 나오죠. 물론 마지막에는 또 장조로 바뀌어서 행복한 엔딩을 노래합니다.

그래서 저는 이 곡에 대해서 이야기할 때 같은 작곡가의 〈이별의 슬픔〉처럼 어두운 느낌이 아니라 사랑하는 사람이 마음대로 되지 않을 때 느끼는 '사랑앓이' 같은 곡, 즉 미워도 미워할 수 없는 내 아이 같은 느낌이라고 표현합니다.

〈아름다운 로즈마린〉, 〈빈 기상곡〉 등으로 친숙한 크라이슬러는 다양한 바이올린 소품곡들을 작곡했고, 수많은 연주자들과 청중의 사랑을 받았죠. 한편으로는 당대 최고의 바이올리니스트이기도 했습니다. '바이올리니스트들의 왕'이라는 명예로운 이름으로 불릴 정도였죠. 한마디로 그는 연주와 작곡 모두에서 존경받은 '20세기의 거장'이었습니다.

〈사랑의 슬픔〉의 원제인 〈Liebesleid〉는 독일어로 '사랑 노래'라고 직역할 수 있지만, 그의 다른 곡인 〈사랑의 기쁨〉이 있기 때문에 〈사랑의 슬픔〉으로 불리고 있습니다. 시작 부분에는 '렌들러의 템포로'라는 지시어가 붙어 있는데요, 렌들러는 오스트리아의 민속춤곡을 뜻합니다. 귀족보다는 주로 서민과 농부들이 즐겼으며, 남부 독일과 스위스에서도 유행했죠. 3박자의 이 춤곡은 쉬운 멜로디와 편안한 분위기가 특색이라고 할 수 있습니다. 〈사랑의 슬픔〉 역시 렌들러라는 큰 틀 안에서 구슬픈 멜로디와 아름다운 화성으로 구성된 피아노 반주, 그리고 크라이슬러의 명바이올리니스트로서의 센스가 유감없이 발휘된 곡입니다.

추천음반

실제로 크라이슬러가 직접 연주한 영상이 인터넷에 돌기도 합니다. 매우 단정하지만 감정을 실어낼 때는 확실히 흐름을 살려내는 작곡자의 실제 연주도 좋지만, 현대의 다양한 연주자들의 연주도 많습니다. 그래도 제일 신뢰가 가는 음반이라면 길 샤함(1971~·미국)의 바이올린에 앙드레 프레빈(1929~·독일)이 연주한 도이체그라모폰의 음반이 아닐까요?

세상의 모든 예비아빠들에게

● 레오폴트 모차르트 〈장난감 교향곡〉

오늘은 예비아빠들과 이야기를 나누고 싶습니다. 아빠가 된다는 것은 세상에서 제일 큰 걱정거리를 안고 살게 된다는 것과 같습니다. 8살 아들을 키우고 있는데, 일단 제가 먹고사는 일이야 어떻게든 해결할 수 있을 것 같은데, 아들은 어떻게 키워야 할지 정말 고민이 많습니다. 제가 엄청난 재산을 물려줄 수 있는 재력가도 아니거니와 세상이 너무 빨리 변해서 도무지 예측할 수가 없으니까요.

많은 부모들이 자녀 교육에 소위 '몰빵'을 하고 있는 것도 같은 이유 때문일 겁니다. 저 역시 사교육으로부터 자유로울 수는 없는 입장이지만, 그건 아니라고 봅니다. 자식 사교육비 댄다고 월화수목금·금

·금 일한다고 자식들이 알아줄 것도, 나이를 먹어서 갚아줄 것도 아니잖아요.

자녀 4명을 모두 음대에 보낸 의사 선생님이 이렇게 말씀하시더군요.

"애들이 고마운 거 하나도 모른다. 정말 열심히 일하며 키워놨더니, 아빠가 우리랑 놀아주지도 않고 도대체 해준 게 뭐냐고 하더라."

몸이 부서져라 돈을 벌어서 사교육에 쏟아붓는 것보다는, 조금 적게 벌더라도 주말에 자녀와 즐거운 시간을 보내는 여유를 갖는 것이 낫다는 얘기겠죠.

아이에게 항상 에너제틱한 모습을 보여주세요. 한 달 교육비로 수백만 원 쓰면서 항상 피곤해하고 얼굴도 보기 힘든 아빠보다 아이들은 주말에 1시간이라도 같이 축구공을 차주는 아빠를 좋아하니까요. 저 역시 종종 근처 초등학교에 가서 아들과 열심히 공을 찹니다. 엄마보난 아빠가 잘할 수 있는 일이고, 몇 년 후면 어차피 아들은 공을 찰 때도 아빠보다 친구들을 찾을 테니까요.

아마 저의 아버지가 일만 하고 주말에 잠만 주무셨다면, 저 역시 아들과 함께할 생각은 못 했을 겁니다. 그냥 '아빠는 원래 다 그래~'라고 생각했겠죠. 하지만 제 아버지는 초등생이었던 저를 데리고 주말 새벽마다 공을 차러 운동장으로 차를 몰고 가셨어요. 3학년 때 아버지 친구분이 찬 공에 얼굴을 정통으로 맞고 엉엉 울었던 기억도 납니다. 심지어 그분의 인상착의도 또렷이 기억납니다. 위아래 검정 운동복에 검은 안경, 그리고 머리가 길었어요. 아, 그리고 제 아버지는 산에서 직접 나무를 꺾어 와서 칼로 다듬고 못질을 해서 '얼레'(연줄을 감는 데 쓰는 기구)를 만들어주신 적도 있습니다.

역사상 가장 유명한 신동을 키워낸 두 아버지

아빠의 입장으로 자녀 교육 이야기를 하다 보니 몇몇 음악가들의 아버지가 떠오릅니다. 베토벤과 모차르트의 아버지, 둘 다 아들을 위해 최선을 다한 위대한 분들이죠.

모차르트의 아버지 레오폴트 모차르트(1719~1787년·오스트리아)는 아들의 천재성을 알아보고는 그 재능을 키워주기 위해 헌신했습니다. 여러 귀족과 황제, 교황 앞에서 아들의 음악회를 열어줄 정도로 기획력과 추진력이 뛰어났죠. 항상 아들과 함께했고, 그 덕분에 모차르트는 스타 음악가로 성장합니다. 한마디로 훌륭한 매니저였죠.

영화 〈아마데우스〉를 보면, 모차르트의 아버지는 프리랜서 선언을 한 아들을 다시 궁정 음악가로 복귀시키기 위해 귀족에게 고개를 숙입니다. 또한 아들이 부모의 허락도 없이 마음대로 결혼을 하려고 하자 간절한 마음을 담아 편지를 보냅니다.

"평생 너를 위해 살아온 이 아비의 부탁이다."

하지만 모차르트는 결혼을 강행하고, 안정적인 궁정 음악가의 길을 버리고 프리랜서 음악가가 됩니다. 물론 음악가로서는 성공합니다. 훌륭한 음악을 많이 써냈으니까요. 하지만 금전 관리가 전혀 되질 않았습니다. 무척 많은 수입을 올리는 스타였음에도 언제나 경제난에 허덕였고, 결국 아버지가 돌아가시고 4년 뒤에 그 역시 세상을 떠납니다. 고작 35살의 나이였죠. 아마 레오폴트 모차르트가 10년만 더 살았어도 모차르트의 인생은 확연히 달라졌을 겁니다. 물론 음악사는 지금보다 훨씬 더 풍요로워졌을 테고요.

이, 그리고 베토벤의 아버지 역시 엄청났습니다. 베토벤의 아버지는 궁정의 테너가수였습니다. 술주정뱅이라는 설이 있는데, 어쨌든 매일 밤늦은 시간까지 베토벤에게 피아노 연습을 시켰다고 합니다. 또한 아들을 모차르트처럼 키워서 돈을 벌려고 했다는 설이 있는데요, 아무래도 후대에서 좀 과장한 이야기가 아닌가 싶습니다. 술 취한 사람이 집에 들어오면 피곤해서 잠들어버리기 바쁠 텐데, 자식에 대한 사랑이 없다면 절대 연습을 시킬 수 없었을 테니까요. 그보다는 테너수 입장에서 음악가들의 삶이 얼마나 극과 극으로 나뉘는지를 몸소 체험했기 때문에, 아들을 스타플레이어로 키워주려고 노력한 것은 아닐까요? 비록 첫 독주회는 실패로 끝났지만, 아버지의 노력 덕분에 베토벤은 20대 초반부터 빈 음악계에 화려한 존재감을 드러내게 됩니다. 모차르트와 베토벤의 아버지 같은 자식 사랑이라면, 우리나라 사교육 1번지라는 강남 한복판에 떨어뜨려놓아도 아이를 성공의 길로 안내할 것 같습니다.

그렇다면 이들은 아버지가 아닌 직업인으로서의 삶은 어땠을까요? 베토벤의 아버지는 성악가였기에 후세에 전해지는 이렇다 할 기록이 따로 없습니다. 엄청난 명성을 누린 음악가는 아니었던 거겠죠.

그러나 모차르트의 아버지는 바이올리니스트이자 궁정 음악가로 작곡 능력 역시 뛰어나 당시 궁정 오락음악으로 쓰이던 디베르티멘토나 카사치오네를 작곡하기도 했습니다. 평생을 바이올리니스트로 활동하면서 작곡을 겸했는데, 아들 뒷바라지 때문에 궁정에서의 출세는 더뎠던 것으로 알려져 있습니다.

오늘날 레오폴트 모차르트는 〈장난감 교향곡〉의 작곡가로 널리 알려져 있습니다. 이 곡은 1778년쯤 작곡된 7악장으로 된 곡의 일부로, 오랫동안 하이든의 곡으로 알려져 있다가 최근에 와서야 레오폴트 모차르트의 곡으로 정정되었습니다. 당시엔 작곡가의 이름이 요즘처럼 중요하게 여겨지지 않았기 때문에 발생한 오류죠.

'아버지는 위대하다'는 식의 흔한 말은 하지 않겠습니다. 아버지는 어머니에 비해서 존재감이 덜한 것이 사실이니까요. 그러나 세상의 수많은 아버지들에게 '당신이 제일 사랑하는 사람이 누구냐?'고 묻는다면, 100명 중 99명은 분명 '자녀'라고 대답할 겁니다.

곧 아빠가 되실 여러분, 오늘은 〈장난감 교향곡〉을 한번 들어보세요. 역사상 가장 유명한 음악 신동을 키워낸 음악가이자, 누구보다 아들을 사랑한 아버지의 음악입니다!

추천음반

RCA에서 발매된 NBC교향악단과 아르투로 토스카니니(1867~1957년 · 이탈리아)의 연주는 오래전 녹음이라 음질에서 조금의 아쉬움은 남습니다만, 굉장히 위트 있는 해석으로 감상자들을 즐겁게 해줍니다.

튼살이 신경 쓰인다면

● 멘델스존 〈노래의 날개 위에〉

임신 6개월, 예비엄마의 배가 제법 나왔을 때입니다. 체중도 물론 많이 늘었을 거고요. 이때 많은 임산부가 튼살을 경험하게 됩니다. 피부 표면적이 늘어나는 데다 피부 진피의 단백질인 콜라겐이 갈라지기 때문이지요. 문제는 이때 생긴 튼살이 출산 후에 감쪽같이 사라지는 것은 결코 아니라는 겁니다.

피부과 의사인 지인의 말을 들어보니, 튼살에 제일 좋은 방법은 일단 수분을 충분히 섭취하는 거라고 합니다. 로션을 수시로 바르는 것도 효과적이고요. 사람의 몸은 기계처럼 부품을 갈아 끼워 다시 쓸 수도 없으니 평소에 소중하게 잘 관리하는 게 최선이겠죠?

유토피아의 아름다움을
플루트 선율에 실어

모든 음악은 느낌이 제각각입니다. 어떤 음악은 날카롭고, 어떤 음악은 차가우며, 또 어떤 음악은 사람을 흥분시키며 심장을 쥐었다 놓았다 합니다. 물론 배 속에 아이를 품고 자신의 몸을 관리하는 시간에는 편안하고 부드러운 음악이 제일이겠지요.

따라서 바이올린의 날카로움, 타악기의 자극적인 박자보다는 목관악기의 아름다운 소리가 심신을 추스르는 데 좋습니다. 잔잔하고 부드럽고 편안한 선율을 생각해보니 플루트가 바로 떠오릅니다.

플루트는 원래는 나무로 만들어진 목관악기였습니다. 개량을 거치다 보니 현재는 금속으로 만들어지고 있는데, 태생이 목관악기인지라 오케스트라에서도 목관악기로 구분이 되고 목관악기들과 같이 배치가 됩니다.

펠릭스 멘델스존(1809~1847년·독일)의 〈노래의 날개 위에〉라는 곡은 플루트로 정말 자주 연주되는 곡입니다. 유토피아의 아름다움을 노래한 하인리히 하이네(1797~1856년·독일)의 시에 곡을 붙였습니다. 현재 라디오 방송의 시그널 뮤직으로 사용될 만큼 익숙하면서 편안한 느낌입니다.

멘델스존은 무척 행복한 삶을 산 음악가로 유명합니다. 은행가의 아들로 태어나 물질적으로 풍족했고, 결혼생활도 행복했습니다. 용모도 매우 준수했고요. 그의 작품 대부분이 아름답고 밝으며 따뜻한 것은 바로 이 때문이었을 겁니다.

하루 한두 번씩 피부 관리를 할 때마다 〈노래의 날개 위에〉를 틀어 놓으세요. 여러분이 있는 곳이 어디든 고급 호텔의 마사지숍으로 변신할 겁니다.

국내 연주자인 플루티스트 인경선의 연주(음반명: 인경선―속삭임)를 추천합니다. 플루트 자체의 소리에 충실하며 연주 역시 유려합니다.

임신 25주 차

불면증으로 괴로운 밤

● 바흐 〈골드베르크 변주곡〉

예비아빠일 때 저는 불면증이 있었습니다. 태어날 아이에 대한 설렘, 기대, 그리고 어쩔 수 없는 가장으로서의 책임감 때문이었겠죠. 물론 예비아빠의 불면증은 태아에게 그리 중요한 일은 아니니 논외로 하고, 예비엄마의 불면증에 대해서 이야기를 해볼까 합니다.

불면증은 최악의 경우, 임신 기간 내내 나타날 수 있습니다. 초기에는 프로게스테론의 분비와 입덧 때문에, 중기에는 신체의 변화로 인한 스트레스 때문에, 그리고 출산에 임박해서는 커진 자궁이 폐나 방광을 압박하면서 수면을 방해한다고 합니다.

잠이 보약인데, 엄마가 잘 자야 아기도 잘 자는데……. 잠을 부르는 음악, 어디 없을까요?

바흐의 음악 중 불면증과 직접적인 연관이 있는 곡이 있습니다. 바로 〈골드베르크 변주곡〉입니다. 바흐가 궁정 음악가로 일하던 당시 그를 후원해주던 독일 주재 러시아 대사였던 카이저링크 백작을 위해 작곡한 음악입니다.

의뢰자도, 작곡가도
행복해진 피아노곡

당시 카이저링크 백작은 업무를 보기 위해 요한 제바스티안 바흐(1685~1750년·독일)가 활동하고 있던 라이프치히에 머물고 있었습니다. 그런데 그는 심한 신경증과 불면증으로 고생하고 있었습니다. 음악 애호가였던 백작은 클라비어 연주자를 고용해 매일 밤 잠을 자기 위해 연주를 부탁하곤 했는데, 전혀 도움이 되질 않았습니다. 결국 그는 바흐에게 자신의 불면증을 치료할 수면용 음악을 의뢰합니다.

평소 백작으로부터 많은 도움을 받았던 바흐는 보답의 의미를 담아 최선을 다해 아리아와 30개가 넘는 변주로 구성된 50여 분의 대작을 작곡합니다. 사실 30분 정도 되는 클래식곡을 앉은자리에서 끝까지 듣는 것은 쉽지 않습니다. 하물며 50분짜리는 어떻겠어요. 꼭 곡의 길이 때문만은 아니었겠지만, 카이저링크 백작은 이 곡을 듣다가 잠들기 일쑤였습니다. 그 때문에 바흐에게 거액의 작곡료를 지불할 만큼 이 곡을 좋아했지요. 많은 자녀를 키우느라 늘 적자에 시달리던 바흐 역시 두둑한 작곡료 덕분에 상황이 좋아졌다고 하니, 이 곡 때문에 행복해진 것은 비단 카이저링크 백작만이 아니었던 셈입니다.

이 곡의 제목이 〈골드베르크 변주곡〉이 된 이유는 간단합니다. 당시 이 곡을 연주한 사람이 카이저링크 백작이 고용한 골드베르크였기 때문입니다. 그런데 현대의 많은 사람들은 이 곡을 〈굴드베르크 변주곡〉이라고 부르기도 합니다. 명피아니스트이자 괴짜 피아니스트인 '글렌 굴드'(1932~1982년·캐나다)의 이름을 따서 말이지요.

굴드가 괴짜 피아니스트로 불리는 것은 여러 이유 때문입니다. 우선 그는 날씨에 상관없이 외투에 머플러를 둘렀으며 베레모에 장갑을 끼고 다녔습니다. 연주회장이나 녹음실에는 자신의 피아노 의자를 갖고 나타났는데, 보통의 의자보다 낮은 데다가 오랫동안 들고 다

넜기 때문에 흔들거리기까지 했죠. 그의 독특한 연주 자세는 상당 부분 이 낮은 의자에서 비롯됩니다. 또한 연주 시작 20분 전에는 뜨거운 물에 손을 담그고 자신이 가져온 큰 타월로 손을 닦곤 했습니다. 무엇보다 그는 연주를 하는 동안에 입으로 음악을 따라 부르는 것으로 유명합니다. 손으로는 지휘를 하듯 연주 도중 한 손을 내젓기도 했고요. 굴드의 음반을 들어보면 그의 허밍 소리를 또렷하게 들을 수 있습니다. 그러나 귀에 거슬린다기보다는 피아노 선율과 묘하게 어울리는 듯한 느낌입니다.

32세 때 무대에서 내려온 그는 독신으로 50세에 세상을 뜰 때까지 오로지 녹음 활동만 고집합니다. 연주회에는 여러 가지 돌발 상황의 위험이 있지만, 녹음은 피아니스트가 최상의 컨디션으로 할 수 있는 작업이라고 생각했기 때문입니다.

글렌 굴드는 〈골드베르크 변주곡〉을 음반으로 두 번 발매했습니다. 피아니스트가 한 번 녹음했던 곡을 다시 녹음하는 경우는 매우 드문 일인데요, 그만큼 굴드가 이 곡을 사랑했다는 뜻으로 해석할 수도 있겠죠. 그런데 그의 연주는 매우 독특합니다. 아주 빠르기도 하고, 매우 심각하기도 하죠. 여하튼 무척 개성이 넘치는데, 중요한 것은 사람들이 그의 연주를 매우 신선하게 받아들였고, 열렬히 사랑했다는 것입니다. 안드라스 시프(1953~·헝가리) 같은 바흐 스페셜리스트의 연주와 비교해서 들어보면, '이게 같은 곡이 맞나?' 싶을 정도로 엄청난 차이가 납니다. 물론 가장 좋은 연주는 작곡가의 의도에 알맞은, 즉 잠을 부르는 연주겠지요?

글렌 굴드의 연주도 훌륭하지만, 불면증이 있는 분이라면 안드라스 시프의 연주를 권합니다. 바흐의 원래 의도대로 편안하고 안정된 느낌을 전해줍니다.

태동놀이를 더 즐겁게, 재미있게

● 벤저민 브리튼 〈청소년을 위한 관현악 입문〉

예비엄마의 자궁 안에 있는 양수가 많은 시기입니다. 덕분에 태아는 그 안에서 자유롭게 움직이죠. 엄마 배를 발로 차기도 하고 왔다 갔다 움직이기도 합니다. 엄마의 피부가 얇은 편이라면 아이의 활발한 움직임에 배가 튀어나오기도 한다고 하는데, 저는 한 번도 보질 못했습니다. 실제로 본다면 얼마나 신기할까요?

이때쯤엔 태동놀이를 해보세요. 배 속의 아이에게 '엄마·아빠는 너의 존재를 알고 있단다'라고 알려주는 놀이인데요, 아주 간단합니다. 즉, 태아가 엄마의 배를 툭 치면, 그 부위를 같이 툭툭 두드려주면 됩니다. 만약 태아가 같은 곳을 다시 두드리면 성공입니다.

저 역시 이 놀이를 해봤는데, 생각보다 성공률이 높진 않았습니다. 10번에 1번도 어려웠던 것 같습니다. 물론 성공률이 낮다고 실망할 필요는 없습니다. 제 아들 녀석, 충분이 잘 자라고 있으니까요.

오늘은 태동놀이를 좀 더 즐겁게 할 수 있는 음악을 소개합니다. 아무래도 타악기가 많이 들어간 음악이 태아에게 쉽게 인지되겠죠?

타악기의 향연에
시대를 앞선 해설까지

우선 클래식 악기 중 타악기에는 팀파니, 심벌즈, 북, 트라이앵글 등이 있습니다. 일단 이들은 음정을 갖기보다는 박자를 느끼게 해주는 성향이 강합니다. 아, 팀파니는 지정된 음정을 표현하는 것이 가능합니다. 물론 현악기나 관악기처럼 12음계를 다 표현하는 것이 아니라 지정된 음을 조율해놓았을 때만 가능한 일이지만요. 그리고 실로폰, 마림바와 같은 악기들은 12음계를 모두 표현할 수 있습니다.

타악기에 대한 빠른 이해를 돕는 곡으로는 벤저민 브리튼(1913~1976년·영국)의 〈청소년을 위한 관현악 입문〉을 들 수 있습니다. 13번째 변주에서는 아예 타악기가 주인공이 되는데, 작곡가가 관현악곡에 쓰이는 악기를 청소년들이 쉽게 이해하도록 만든 곡입니다. 또한 이 곡은 특이하게도 연주 중간중간 지휘자가 해설을 합니다. 클래식 공연에서 해설의 중요성이 부각된 것은 비교적 최근의 일입니다. 해설이 있는 음악회가 열리고 있는 것도 바로 이 때문이죠. 그런데 이미 70여 년(1945년) 전에 이 같은 시도를 했다고 하니, 굉장히 앞서간 음악이라고 볼 수 있습니다.

이런 혁신적인 시도가 가능했던 것은 영국 정부의 프로젝트 덕분이었습니다. 영국 교육부는 당시 교육영화 〈관현악의 악기〉를 제작했는데, 이 곡은 영화 삽입곡입니다. 선진국이 왜 선진국인지를 유감없이 보여준 사례라고 생각합니다.

벤저민 브리튼은 에드워드 엘가(1857~1934년·영국)와 더불어 영국을 대표하는 작곡가입니다. 그가 활동하던 시대는 조성음악이 더 이상 득세하지 못하던 시기였지만, 브리튼은 평생 조성음악만 고집한 신고전주의 작곡가로 분류됩니다.

〈청소년을 위한 관현악 입문〉은 부제(퍼셀의 주제에 의한 변주와 푸가)에서 밝혔듯이 같은 나라 출신의 대작곡가 헨리 퍼셀(1659~1695년·영국)의 주제를 차용해서 쓴 곡입니다. 총 3부로 구성되어 있는데, 제2

부의 13개의 변주곡은 각종 타악기의 향연이라고 할 정도로 다양한 타악기가 나옵니다.

유튜브를 찾아보면 많은 연주 단체의 영상이 올라와 있습니다. 영어에 익숙한 분이라면 영어 해설을 들으면서 곡을 감상하면 좋을 것 같습니다. 물론 우리말이 더 편하다면 우리나라 유수의 교향악단의 연주를 들으면 됩니다.

다양한 음반이 나와 있습니다. 낙소스에서 나온 런던심포니와 스튜어트 베드퍼드(1939~ · 영국) 지휘의 음반은 재킷도 만화 캐리커처처럼 재미있습니다. 연주 역시 훌륭합니다.

체중계에 올라서기가 두려울 때

● 로시니 〈윌리엄 텔〉 서곡

하루가 다르게 예비엄마의 체중이 늘어나는 시기입니다. 예민한 분들은 매일매일 체중계에 올라간다고 하는데, 체중 증가는 임산부의 숙명이니까 자연스레 받아들이는 게 좋을 것 같습니다. 물론 급격한 체중 증가는 건강에도 좋지 않고, 무엇보다 출산 후 비만으로 이어지는 경우도 많다고 하니 유의해야 하겠지요. 그렇지만 임신 중기는 태아의 골격이 형성되는 시기이므로 충분한 영양을 섭취하는 데도 신경을 써야 합니다.

하긴, 따지고 보면 대부분의 현대인들은 평생을 체중에 신경 쓰면서 사는 것 같습니다. 외모를 중시하는 사회에 살고 있기 때문이기도 하고, 체중은 건강의 지표가 되기도 하니까요. 저 역시 지독하게 운동을 하면서 체중 관리를 하는 사람 중 한 명입니다. 그런데 아이가 태어나고 한동안 운동을 못 해서 몸무게가 무려 $9kg$까지 늘어났었습니다. 아이가 대여섯 살이 되어서야 마음 편하게 운동을 할 여유가 생겼고, 다행히 지금은 스무 살 때 체중으로 돌아갔습니다. 살을 빼는 것보다 살이 찌지 않도록 관리하는 게 훨씬 쉽다는 게 저의 생각입니다.

음악만큼이나
요리에 관심 많던 작곡가

클래식 음악가들에게도 체중 관리는 보통 어려운 일이 아니었던 것 같습니다. 그도 그럴 것이 생활이 무척 불규칙했으니까요. 공연은 대부분 저녁에 열렸고, 따라서 저녁식사는 늦은 밤에나 가능했습니다. 유명 음악가들의 초상화나 사진을 보면 유난히 통통한 분들이 많은 것도 바로 이런 이유에서일 겁니다. 여기에 미식가라면 상황은 더 악화되겠죠.

조아치노 안토니오 로시니(1792~1868년·이탈리아)는 미식가로 유명합니다. 게다가 대식가이기도 했습니다. 만년에는 요리에 관한 저서를 출간하기도 했고, 유명 식당의 주방장들과 막역한 사이로 지냈다고 합니다. 한 식당의 주방장은 아예 로시니를 위한 음식 메뉴를 개발하기도 했습니다. 로시니의 취향에 정확하게 맞춘 스테이크였는데, 이름이 '투르네도 로시니'였습니다. 푸아그라에 송로버섯을 곁들인 이 요리는 오늘날 매우 사치스러운 요리 중 하나로 인정받고 있습니다.

문제는 로시니의 건강입니다. 미식가에 대식가였으니, 대략 짐작이 갈 겁니다. 젊어서부터 비뇨기 계통 만성 질환에 시달렸고, 만년에는 특히 잦은 병치레를 했다고 전해집니다.

그렇지만 로시니는 위대한 작곡가였습니다. 모국인 이탈리아의 정열과 흥겨움을 음악에 훌륭하게 녹여냈고, 대중적인 인기 면에서도 타의 추종을 불허하는 스타였죠. 얼마나 인기가 있었냐고요? 로시니의 음악회와 베토벤의 음악회가 같은 날에 열리면, 로시니의 음악회가 훨씬 성황이었다고 합니다. 현대인들은 이해하기 어려운 일이지만, 이유는 간단합니다. 로시니는 기악 독주곡보다는 가극을 많이 작곡했거든요. 당시 사람들은 악기만으로 연주하는 음악보다는 스토리가 있고, 해학과 유머가 있으며, 직설적인 내용이 들어간 가극을 훨씬 좋아했습니다. 따지고 보면 요즘도 마찬가지입니다. 뮤지컬의 관객 수

와 일반 클래식 공연의 관객 수를 비교해보면 답이 나옵니다.

누구나 들으면 아는
바로 그 멜로디

로시니는 〈세빌리아의 이발사〉, 〈비단 사다리〉 등 총 38개의 가극을 작곡했습니다. 그중 가장 유명한 것은 〈윌리엄 텔〉입니다. 당시의 귀족은 물론 일반 시민까지 열광한 작품으로, 로시니의 마지막 오페라죠.

배경은 1200년대 초엽, 오스트리아의 식민지 신세였던 스위스입니다. 오스트리아 총독 게슬러는 자기 모자를 거리에 내걸어놓고는 지나가는 스위스 사람들에게 경례를 하도록 강요합니다. 그런데 윌리엄 텔과 아들은 그 명령을 무시했고, 게슬러에게 잡히고 맙니다. 이들 부자에게 내려진 벌은 말도 안 될 만큼 가혹합니다. 아들의 머리에 사과를 얹고는 아버지에게 화살을 쏘아 맞히라니요. 하지만 우리의 영웅 윌리엄 텔은 화살 한 발로 멋지게 상황을 종료해냅니다.

곡은 스위스 군대가 행진하는 장면으로 마무리됩니다. 복잡한 상황 끝에 스위스가 다시 자유를 찾은 것이지요.

이 곡은 폭정, 불합리한 현실, 정의의 승리, 악독한 독재자의 징벌적 죽음 등 사람들이 공감할 만한 요소를 두루 갖추고 있고, 덕분에 엄청난 성공을 거뒀습니다. 단점이라면 연주 시간이 5시간에 육박한다는 거죠. CD로는 3~4장을 들어야 한답니다.

그래서 요즘은 전곡이 연주되는 경우가 드뭅니다. 그러나 서곡은 매우 자주 연주됩니다. 음악을 정말 싫어하거나 관심이 없지 않은 이상, 주요 멜로디만 들려주면 누구나 "아, 이거 그 윌리엄 텔?"이라고 할 정도로 유명하지요. 〈윌리엄 텔〉 서곡은 스위스의 아름다운 풍경을 그리고 있습니다. 4개의 악장처럼 나뉘지만, 휴지 없이 이어집니다.

수많은 음반이 나와 있습니다. 그중 로시니와 같은 이탈리아 출신의 지휘자 리카르도 무티(1941~)의 음반을 추천합니다. 또한 오페라와 같은 가극은 그냥 음악만 듣기보다는 영상과 같이 감상하는 것이 더 좋은 감상이라고 할 수 있습니다.

체중 증가는 임산부의 숙명이니까

자연스레 받아들이는 게 좋을 것 같습니다.

특히 임신 중기는

태아의 골격이 형성되는 시기이므로

충분한 영양을 섭취하는 데도

신경을 써야 합니다.

스트레스 지수가 높은 날

● 베르디 〈라 트라비아타〉 중 '축배의 노래'

'엄마 자신이 행복한 것이 최고의 태교'

인터넷에서 본 기사의 제목입니다. 정말 좋은 말이 아닐 수 없습니다. 저 역시 '삶은 즐거워야 한다!'라는 생각으로 열심히 살고 있답니다. 물론 그게 생각처럼 되진 않는 것이 삶이기도 하지만요.

어떻게 보면 살아가는 이유가 행복하기 위해서가 아닐까요? 길지 않은 삶, 행복하기에도 짧은데 행복하기 힘든 이유 중 제일 먼저 떠오르는 단어는 '스트레스'입니다.

복잡한 현대사회에서 우리는 정말 다양한 스트레스에 노출되어 있습니다. 아빠의 입장에서 보자면, 가장으로서의 스트레스는 저처럼 다양한 일을 하는 경우도, 직장생활을 하는 경우도, 큰 사업을 하는 경우도 누구나 다 받는 것 같습니다. 스트레스가 전혀 없는 삶을 사는 듯한 친구들과 대화를 해봐도 마찬가지입니다. 누구나 각자의 삶에는 스트레스가 있으니까요. 그런 말도 있잖아요? "삶은 멀리서 보면 희극이지만, 가까이서 들여다보면 비극이다."

이렇듯 누구나 겪는 스트레스지만, 사람에 따라서 쉽게 극복하기도 하고 앓아눕기도 합니다. 저는 스트레스를 덜 받기 위해서 자주 되새기는 말이 있습니다.

'통제할 수 없는 것을 통제하려고 하지 마라.'

제가 신도 아니고, 눈이 사방팔방에 달린 것도 아닌데, 하나하나 다 통제하려고 하면 그 고통이 고스란히 스트레스로 돌아오더군요. 어느 정도 자신의 통제 영역을 정해놓고 그 외의 일은 그냥 신경 쓰지 마세요. 신경 쓰나, 쓰지 않으나 그 결과가 바뀌는 일은 거의 없으니까요.

'진짜로 하고 싶은 것은 누구에게 물어보지 말고 그냥 해라.'

이것 역시 제가 스트레스를 피하는 방법입니다. 지인 중에 무엇을 하고 싶으면 주위의 수십 명에게 상담을 하는 분이 있습니다. 진짜 그것을 해도 되는지를 묻는 거죠. 물론 그 신중함은 존경스럽습니다.

하지만 정말 하고 싶은 일이라면 빨리 실행해 그 기쁨을 만끽하는 것이 좋지 않을까요? 물론 정답은 없습니다. 사람은 누구에게나 다 자신만의 방법이 있으니까요. 단, 스트레스를 피할 수 있는 자신만의 방법을 만들어놓으면 좋지 않겠느냐는 물음을 던진 것입니다.

고민 따위는 잊어버리고
'노세, 노세, 젊어서 노세'

클래식 음악 이야기를 해보자면, 스트레스 받지 말고 삶을 행복하게 만들어나가자는 가사를 지닌 유명한 곡이 있습니다. 바로 주세페 베르디(1813~1901년·이탈리아)의 오페라 〈라 트라비아타〉에 나오는 '축배의 노래'입니다. 제 나름대로 이 곡을 딱 세 단어로 정리하면 다음과 같습니다.

'부어라. 마셔라. 즐겨라.'

물론 임산부와 술은 절대 상극입니다. 대신 '부어라, 마셔라, 즐겨라'로 표현되는 분위기를 한번 상상해보세요. 가끔씩은 팍팍한 고민을 잊어버리고 즐기는 삶을 살자는 말로 생각할 수도 있겠지요?

〈라 트라비아타〉는 사교계 여성 비올레타와 귀족 청년 알프레도의 비극적인 사랑 이야기입니다. 알렉상드르 뒤마 2세(1824~1895년·프랑스)의 자전적 소설 《동백 아가씨》를 토대로 하고 있습니다. 뒤마가 사랑했던 파리 사교계의 여인 마리는 그와 헤어진 뒤 폐결핵으로 죽는데요, 동백꽃은 마리가 살아생전 가장 좋아했던 꽃이라고 합니다. 아, '트라비아타'란 길을 잃은 여자, 타락한 여자라는 뜻으로, 비올레타를 가리키는 표현입니다.

이 오페라에서 가장 유명한 곡은 1막 초반에 나오는 '축배의 노래Brindisi'입니다. 비올레타와 그녀를 남몰래 흠모해온 청년 알프레도가 파티에서 만나 함께 부르는 이중창이죠. 국가 경축 행사나 TV 음악회에 자주 등장하는 노래지만, 사실 내용은 좀 퇴폐적입니다. '노세, 노세, 젊어서 노세'의 이탈리아어 버전이라고 생각하면 됩니다. 청춘의 피가 끓어오르는 동안 삶의 쾌락을 즐기자는 내용이거든요. 그도 그럴 것이, 이 파티는 도덕적인 분위기의 파티가 아니라 파리 상류사회 남자들이 모여 밤새 노는, 일탈적인 분위기의 파티니까요.

이 노래를 부른 후 알프레도와 비올레타는 신분의 격차에도 불구하고 사랑에 빠집니다. 둘은 이루어질 수 없는 사랑에 엄청난 스트레스를 받지만, 용감하게 사랑의 도피를 합니다.

이 노래 뒤 무대가 바뀌고 둘의 행복한 삶이 시작됩니다. 하지만 막장 드라마처럼 알프레도의 아버지가 찾아와 비올레타에게 떠나라고 합니다. 알프레도의 여동생이 곧 결혼을 하는데, 오빠가 매춘부와 동거한다는 소문이라도 나면 큰일이라는 거죠. 그것도 비올레타 자신의 선택으로 알프레도를 버리고 떠나는 것으로 하라고 합니다. 누가 봐도 말이 안 되는 요구지만, 알프레도를 너무나 사랑한 비올레타는 그의 말을 따릅니다.

비올레타가 자신을 배신했다고 오해한 알프레도는 엄청나게 분노합니다. 그래서 비올레타를 찾아가 모욕을 주지요. 그의 아버지 뜻대로 일이 착착 진행되고 있는 것이지요.

결국 비올레타는 병으로 죽어가고, 알프레도의 아버지는 자신의 무리한 요구를 들어준 비올레타의 고귀한 마음에 감명을 받아 아들에게 진실을 알립니다. 마지막 장면에서 비올레타는 알프레도의 품에 안겨 죽습니다. 비극적인 결말이죠.

〈라 트라비아타〉는 이처럼 애틋한 남녀의 사랑과 복잡한 현실이 얽혀 있는 정말 흥미로운 오페라입니다. 태교를 위해 아름다운 클래식을 듣는 것도 좋지만, 가끔은 이렇게 흥미진진한 오페라를 감상하면 일상의 활력소가 되지 않을까요?

소프라노 안나 네트렙코(1971~·러시아)와 테너 롤란도 비야손(1972~·멕시코)이 주역을 맡은 도이체그라모폰의 음반과 DVD가 명반으로 꼽힙니다. 주인공들이 현대식 정장과 원피스를 입고 연기를 하는데, 무대장치는 간소하지만 오케스트라 사운드와 주역들이 연기력이 정말 흠잡을 데가 없습니다.

너의 얼굴을 그려보았어

매일매일

너를 기다려

임신체조를 가볍게, 산뜻하게

● 쇼팽 〈나비〉 ^{CD.9}, 〈고양이 왈츠〉

운동하는 것을 너무나 좋아하는 저로서는 임신체조라는 단어를 들었을 때, 너무너무 궁금했어요. 과연 어떻게 하는 걸까, 하고 인터넷을 찾아본 기억이 납니다.

임신 중기가 넘어가면 보통 체중 증가로 움직임이 둔화되면서 몸 전체의 컨디션이 저하되는데요, 그걸 방지해주는 체조가 바로 임신체조죠. 종류는 그야말로 다양합니다. 휴식을 위한 동작도 있고 긴장을 푸는 체조도 있습니다. 힘을 기르는 체조도 있고요.

중요한 것은 주 3회 이상 꾸준히 하는 것, 그리고 절대로 무리하지 말고 운동 강도를 서서히 올려야 한다는 것입니다. 하긴, 이건 꼭 임신체조에만 해당하는 얘기는 아니네요. 세상의 모든 운동에 해당하는 진리입니다.

자, 그렇다면 우리 예비엄마들이 운동을 할 때 들을 만한 클래식곡엔 뭐가 있을까요? 앞에서(8주 차) 소개한 〈상브르와 뫼즈 연대〉는 빠르고 신나는 오케스트라 연주곡이었죠? 이번엔 몸이 무거워진 만큼 좀 더 규모를 줄여서 피아노 독주곡 2개를 소개해볼까 합니다. 임신 체조할 때 들으면 좋을 곡으로요.

나비처럼 가볍게,
고양이처럼 깜찍하게

피아노곡 중엔 동물이나 곤충의 가볍고 경쾌한 움직임을 표현한 곡이 많습니다. 우선 곤충으로는 프레데리크 프랑수아 쇼팽(1810~1849년·폴란드)의 〈나비〉를 들 수 있습니다.

쇼팽은 〈12개의 연습곡〉이라는 이름으로 2권의 연습곡집을 펴냈어요. 당대 기준으로는 정말 연주하기 어렵고 파격적인 곡들이었죠. '예술의 파괴'라는 혹평을 들을 정도였으니까요. 하지만 후대의 평가는 전혀 반대입니다. 쇼팽 자신이 당대 최고의 피아니스트였기에 가

능한 곡이자, 피아노의 특성을 극대화한 명곡으로 손꼽히죠. 현재 거의 모든 대학교에서 입시곡으로 채택할 정도입니다.

그중 두 번째로 출판된 Op.25의 제9곡이 바로 〈나비〉입니다. 자, 나비가 날아가는 모습을 상상해보세요. 다른 새들과는 달리 나비는 그야말로 전후좌우 가리지 않고 날아갑니다. 도무지 어디로 날아갈지 예상을 할 수가 없죠. 바로 이 곡의 왼손이 그렇습니다. 쉴 새 없는, 그리고 예측할 수 없는 도약이 이어지죠. 여기에 오른손의 화음이 더해지면 클래식을 전혀 모르는 사람도 "이 곡이 〈나비〉라고요? 아, 정말 그런 것 같네요" 하고 수긍할 만큼 매력적인 곡이 됩니다.

쇼팽의 〈고양이 왈츠〉는 '야~~옹'을 떠올리게 하는 멜로디가 일품입니다. 또한 고양이가 피아노 건반을 밟았다가 피아노 소리에 깜짝 놀라서 뛰어다니는 장면을 묘사한 부분은 '어떻게 이런 멜로디와 음표들을 생각해냈을까' 감탄하게 합니다.

두 곡 모두 듣는 것만으로도 몸과 마음을 가볍게 합니다. 평소 하기 싫던 임신체조도 이 곡들과 함께라면 한결 즐겁고 유쾌하게 느껴질 거라고 장담합니다.

〈나비〉의 명반으로는 마우리치오 폴리니(1942~·이탈리아)의 쇼팽 에튀드 앨범이 손꼽힙니다. 폴리니의 쇼팽 연주는 흔히 '교과서'라고 불리는데요, 이는 폴리니가 쇼팽콩쿠르에서 우승할 때 이미 예견되었던 일입니다. 당시 심사위원석에 있아 있던 루빈스타인은 동료 심사위원들에게 "우리 중 누가 저 젊은 친구보다 잘 칠 수 있겠어?" 하면서 허허 웃었다고 합니다. 〈고양이 왈츠〉의 명반이라면 저는 블라디미르 아시케나지(1937~·러시아)의 음반이 생각납니다. 폴리니의 연주가 상대적으로 인간미가 덜 느껴진다면, 아시케나지는 상당히 인간적인 템포로 연주를 합니다. 물론 마음먹고 속주를 하면 아시케나지도 폴리니 못지않습니다. 참고로 아시케나지는 현재 지휘와 연주를 병행하고 있고, 폴리니는 오로지 피아니스트의 길만 가고 있습니다.

임신 30주 차

딸꾹질을 하는 태아에게

● 구노 〈아베 마리아〉 CD.4

아내의 배가 제법 많이 나왔을 때였어요. 배 속의 아기가 규칙적으로 움직여서 "우와우와~" 신기해했는데, 알고 보니 태아가 딸꾹질을 하는 거였어요. 처음에는 제 아이가 천재인 줄 알았습니다. '애가 벌써 엄마·아빠에게 신호를 보내는구나!' 하면서요.

태아가 딸꾹질을 하는 이유는 크게 두 가지라고 해요. 하나는 신경계가 발달하는 과정 중에 나타나는 반사작용이고요, 또 하나는 폐로 숨 쉬는 연습을 하다가 양수를 마셨기 때문이라고 합니다. 첫 딸꾹질은 보통 임신 23~30주에 나타나고, 대부분 5~10분 정도 지속됩니다. 설령 하루 종일 지속된다 해도 걱정할 일은 아니라고 하는데,

저는 사실 우리 아기가 딸꾹질하는 순간을 간절히 기다렸습니다. 아빠 입장에서는 아이가 크게 움직일 때만 아이를 온전히 느낄 수 있기 때문이지요.

그러니까 예비엄마들은 아기가 딸꾹질을 하는 것이 느껴지면, 남편을 불러주세요. 남자는 태동이나 발로 차는 일회성 움직임을 느낄 기회가 거의 없잖아요? 규칙적으로 반복되는 딸꾹질 정도는 돼야 '아, 내 아이가 건강하게 잘 자라고 있구나' 느낄 수 있답니다.

이렇게 딸꾹질을 하는 시기라면 아기의 청각 역시 완성된 상태예요. 따라서 음악을 듣더라도 아이가 좋아할 만한 곡을 들려주는 게 좋겠지요. 물론 화려하고 수준 높은 곡도 좋지만, 이왕이면 아이의 수준에 맞게 쉽고 기억하기 좋은, 단순하면서 소박한 멜로디의 소품곡을 들려주는 것은 어떨까요? 허밍으로 따라 부를 수 있다면 더 좋겠지요. 엄마의 울림이 몸속에 있는 태아에게 그대로 전해질 테니까요

조선 땅에서
순교한 친구를 위해

샤를 프랑수아 구노(1818~1893년·프랑스)의 〈아베

마리아〉는 누구나 쉽게 따라 부르기 좋은 곡입니다. 그런데 이 곡은 우리나라와 밀접한 연관이 있어요. 불행히도 슬픈 인연이긴 하지만요.

구노는 1800년대 프랑스를 대표하는 작곡가이자 지휘자예요. 서정적이면서도 종교적인 경건함을 갖춘 작품을 주로 썼는데, 대표작으로는 〈아베 마리아〉 외에 오페라 〈파우스트〉가 꼽힙니다.

그가 활발히 활동하던 시기에 조선의 흥선대원군은 강력한 쇄국정책을 펼치고 있었어요. 그 때문에 조선의 천주교 신자들은 엄청난 박해를 받았죠. 그럼에도 불구하고 당시 조선에는 외국인 신부 여럿이 들어와 선교 활동을 펼치고 있었습니다. 그중 한 명이 바로 조선 제5대 교구장을 지낸 마리 다블뤼(1818~1866년·프랑스) 신부입니다. 1845년 우리나라 최초의 신부인 김대건 신부와 함께 조선에 들어와, 1856년 충북 제천에 우리나라 최초의 신학교를 세운 분입니다.

그는 또한 구노의 친구였어요. 학창 시절 친형제보다 더 가까운 사이였죠. 그런 친구가 순교 확률이 100%에 가까운 조선으로 떠났으니, 구노가 할 수 있는 일이라곤 그저 살아 돌아오기를 바라는 기도를 간절히 드리는 것뿐이었겠죠.

그러나 다블뤼 신부는 1866년, 병인박해 때 참수형을 당하고 맙니다. 소식을 접한 구노는 말할 수 없는 큰 슬픔에 빠집니다. 그리고 친구의 영혼을 위로하기 위해서 작품을 쓰는데, 그 곡이 바로 〈아베 마리아〉입니다. 바흐의 〈평균율 클라비어곡집 1〉의 1번 전주곡을 반주로 사용하고, 그 위에 아름답고 편안한 멜로디를 붙였죠. 굉장히 편안한 감정을 느끼게 해줍니다.

이 곡은 성악곡은 물론이고 기악곡으로도 연주됩니다. 가사는 천주교의 '성모송'을 그대로 사용했는데, 다음과 같습니다.

> 은총이 가득하신 마리아님
> 기뻐하소서!
> 주님께서 함께 계시니 여인 중에 복되시며,
> 태중의 아들 예수님 또한 복되시나이다.
> 천주의 성모 마리아님
> 이제와 저희 죽을 때에 저희 죄인을 위하여 빌어주소서.
> 아멘.

성당을 다니시는 분들에겐 너무나 익숙한 가사지요?

종교를 떠나 친구의 영혼을 위로하기 위하여 쓴 곡인 만큼 마음의 평화와 안식을 느끼기에 부족함이 없습니다. 아름다운 멜로디와 잔

잔한 분위기가 무척 인상 깊은 곡이죠. 이제 소리까지 다 듣는 아기에게 엄마의 목소리로 아름다운 멜로디를 들려주는 것만큼 좋은 태교가 또 있을까 싶습니다.

제시 노먼(1945~ · 미국)이 노래한 〈아베 마리아〉를 추천합니다. 바버라 헨드릭스, 캐슬린 배틀(이상 1948~ · 미국)과 함께 '세계 3대 흑인 소프라노'로 꼽히는 제시 노먼의 노래는 더할 나위 없이 풍요롭고 여유로우며 편안합니다.

딸꾹질을 하는 시기라면

아기의 청각 역시 완성된 상태예요.

아이가 좋아할 만한 곡을 들려주는 게 좋겠지요.

아이의 수준에 맞게 쉽고 기억하기 좋은,

단순하면서 소박한 멜로디의

소품곡을 들려주는 것은 어떨까요?

허밍으로 따라 부를 수 있다면 더 좋겠지요.

엄마의 울림이 몸속에 있는

태아에게 그대로 전해질 테니까요.

출산 전의 이 여유로움이여

● 뮤지컬 〈노트르담 드 파리〉

시간이 지날수록 하루빨리 아이를 만나고 싶은 마음이 커집니다. 누굴 닮았을지, 어떤 성품일지 상상하는 것만으로도 시간은 금세 흐르죠.

그런데 막상 아이가 나오고 나면, 정말 아무것도 하지 못할 정도로 바빠집니다. 혼자서 자기 자신을 위해 무언가를 할 수 있는 시간 같은 건 아예 없다고 생각하면 될 정도로요. 특히 공연 시간이 상대적으로 긴 뮤지컬은 한동안 못 본다고 봐도 됩니다. 그렇기에 아이가 세상에 나오기 전에 많이 보고, 듣고, 즐겨두기를 권합니다.

뮤지컬은 1900년대가 되어서야 대중화된 예술 장르입니다. 오페라가 득세하던 1800년대 후반 산업화가 진행되면서 더 많은 사람들이 편안하게 즐길 오락거리를 찾게 됩니다. 너무 예술적이고 고상하며, 게다가 어려운 오페라를 좀 더 캐주얼하고 쉬우며, 편안하게 즐길 수 있게 변형된 장르가 바로 뮤지컬이라고 볼 수 있습니다.

물론 처음에는 대중오락이라고 무시당했습니다. 그러나 퓰리처상을 수상한 작품, 공연 횟수가 무려 1000회가 넘는 작품이 나오면서 하나의 예술 장르로 인정받게 되지요. 수많은 걸작들이 탄생한 영국의 웨스트엔드와 미국의 브로드웨이에서는 지금도 매일 공연이 열리고 있습니다.

저도 뮤지컬을 자주 관람하는 편입니다. 〈레미제라블〉, 〈오페라의 유령〉, 〈노트르담 드 파리〉, 〈미녀와 야수〉 등 걸작들은 물론이고 최근에 초연한 작품들도 종종 감상하러 다니죠. 그중 최고를 꼽는다면 단연 〈노트르담 드 파리〉입니다.

이보다 더 애절한
사랑이 있을까

〈노트르담 드 파리〉는 세계적인 문호 빅토르 위고

(1802~1885년·프랑스)가 1831년 발표한 동명 소설을 바탕으로 만든 뮤지컬입니다. 꼽추이자 추한 외모를 지닌 노트르담성당의 종지기 콰지모도, 아름다운 집시 여인 에스메랄다, 그리고 세속적 욕망에 무릎 꿇고 마는 사제가 등장하죠. 1998년 파리에서 초연된 이래 20년 가까이 전 세계적인 사랑을 받고 있는 명작입니다. 대사 없이 이어지는 50여 곡의 노래와 음악으로 유명한데, 특히 마지막 장면의 '춤을 춰요 에스메랄다'는 주인공인 콰지모도의 애틋함과 절박한 사랑이 매우 드라마틱하게 오버랩되면서 큰 감동을 줍니다. 콰지모도가 교수형에 처해진 에스메랄다를 품에 안고 부르는 노래지요.

아이가 나온 뒤엔 한동안 시간 내기가 정말 힘들어진답니다. 좋은 뮤지컬 공연이 있다면 시간을 내서 한번 꼭 다녀오세요. 태교음악으로 즐길 만한 부담스럽지 않은 몇몇 유명한 넘버를 소개해봅니다.

〈오페라의 유령〉 – 'Think of Me'

〈노트르담 드 파리〉 – '대성당의 시대'

〈레미제라블〉 – 'On My Own'

임신 **32**주 차

아기를 안전하게 보살피기 위한 방법

● 모차르트 〈클라리넷 협주곡 K.622〉

악기의 역사를 살펴보면, 특히 하프의 역사는 기원전으로 한참 올라갑니다. 그리스 신화나 로마 신화를 보면 여신들이 하프를 연주하는 장면이 종종 등장하니까요. 현악기와 타악기들도 나이가 참 많습니다. 바이올린은 1550년경 이탈리아에서 첫선을 보인 것으로 알려졌습니다.

클라리넷은 한참 동생입니다. 18세기 초에 처음 개발되었고, 19세기가 되어서야 현대의 모습이 완성되었죠. 처음에는 독주용보다는 오케스트라에서 선율을 담당하는 합주 악기로 사용되는 경우가 많았습니다.

따라서 당시 소위 잘나가는 작곡가들은 클라리넷을 위한 곡을 따로 만들지 않았습니다. 일종의 모험이었으니까요. 대신 바이올린이나 첼로, 피아노를 위한 협주곡에 주력했습니다. 수요가 보장되어 있었으니까요.

하지만 볼프강 아마데우스 모차르트(1756~1791년·오스트리아)는 달랐습니다. 친구이자 클라리넷 연주자인 슈타틀러의 연주를 듣고는 아름다운 음색에 흠뻑 빠졌고, 단박에 클라리넷을 위한 협주곡을 작곡했지요. 바로 그 유명한 K.622 A장조입니다.

"왜 그걸 해? 도대체 왜?"라는 물음이 나올 법한 신생 악기의 가능성을 알아본 혜안과 바로 곡을 쓰는 실행력은 모차르트니까 가능했던 것이겠죠. 특히 이 곡을 작곡할 당시 모차르트는 엄청난 스트레스에 시달리고 있었습니다. 본인의 사치와 아내의 과소비로 인해 가정 경제가 파탄 직전이었거든요. 따라서 한 푼이라도 더 벌기 위해서는 보다 안전한 길(악기)을 선택할 수도 있었을 텐데, 모차르트는 작곡가로서의 호기심을 포기할 수 없었나 봅니다. 요즘 시각으로 보면 모차르트는 클라리넷이라는 '문명의 이기'를 제대로 활용한 일종의 '얼리 어답터'였는지도 모르겠습니다.

신생 악기의 장점을
꿰뚫어 본 천재의 혜안

여러분은 어떤가요? 스마트폰과 촬영 장비들이 엄청나게 발달되어 있는데, 제대로 활용하고 있나요? 그리고 특히 스마트폰이 다른 매체와 결합되면 육아와 자녀 관리에 엄청난 도움이 된다는 사실을 알고 있나요?

집에 어린 자녀가 있으면 단 5분도 외출하기가 쉽지 않습니다. 잠을 자던 아이가 작게라도 '으아앙~~' 울면 바로 그 순간 '동작 그만, 아이 앞으로!' 상황이 되잖아요? 조금 더 컸다고 해도 마음이 불편한 것은 어쩔 수 없고요.

정말 합리적인 비용으로 그런 스트레스를 매우 낮출 수 있는 방법이 있습니다. 이건 꼭 아이가 태어나기 전에 미리 쥬비해두긴 강력 추천합니다. 바로 가정용 무빙카메라를 집 안에 설치하는 것입니다. 선치법도 간단하고 비용도 매우 저렴합니다. 한 달에 기저귀 두 팩 값이면 24시간 집 안 구석구석을 스마트폰으로 확인할 수 있습니다.

아기가 태어나면 아이가 자는 그 잠깐이 얼마나 소중한지 모릅니다. 할 일이 태산이니까요. 그러나 아이를 혼자 두고는 집 앞 슈퍼에 다녀오는 것조차 조심스럽습니다. 언제 깨이나 울지 모르니까요. 그러나 무빙카메라를 설치해놓으면 버튼 하나로 집 안 상황을 실시간 체크할 수 있습니다. 스피커를 연결하면 대화를 나누는 것도 가능합니다. 문명의 이기는 최대한 누리는 것이 좋습니다. 저는 요즘도 이 장비의 도움을 종종 받고 있답니다.

다시 음악 이야기로 돌아가 볼까요? 모차르트의 〈클라리넷 협주곡〉은 특히 2악장이 유명합니다. '라~레~파# 파# 미 레~~'로 시작하는 부분은 〈클라리넷 협주곡〉 중 가장 유명한 소절이 아닐까 싶은데요, 클라리넷이라는 악기의 평온하고 따뜻한 음색을 가장 잘 살려낸 부분이라는 생각입니다. 영화 〈아웃오브아프리카〉에 삽입되어 대중적으로 엄청난 사랑을 받기도 했습니다. 훗날 베버와 브람스도 이 곡에서 영감을 받아 클라리넷 협주곡을 작곡하지만, 모차르트 작품의 명성에는 못 미치는 것이 사실입니다.

지금은 그리 각광받는 악기가 아니지만, 훗날 엄청난 영광을 누리는 악기가 나오게 되진 않을지, 있다면 어떤 악기일지 상상하면서 이 음악을 들어보세요. 참, 모차르트의 음악이 두뇌 자극에 효과적이라는 사실은 알고 계시죠? 모차르트의 음악은 3500~4000㎐의 고주파 음을 많이 함유하고 있는데, 두뇌의 시상하부와 연수 부분은 이 대역의 음파에 가장 예민하게 반응하기 때문이라고 합니다.

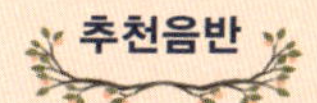

추천음반

알프레트 프린츠(1930~ · 오스트리아)의 클라리넷, 카를 뵘 (1894~1981년 · 오스트리아)의 지휘, 빈필하모닉의 연주로 나온 도이체그라모폰의 연주 음반은 '믿고 듣는 DG(도이체그 라모폰)'라는 말에 조금도 손색이 없습니다.

'아이를 어떻게 키울 것인가' 고민할 때

● 브람스 〈헝가리 무곡〉 5번 CD.10

최근 서점에 갔다가 8살 아들을 키우는 입장에서 눈에 확 들어온 책이 있었습니다. 《사교육의 함정》이라는 책이었어요. 30분 만에 수박 겉핥기 하듯이 읽고 왔는데, 제 자신을 돌아보게 되더군요.

고백하건대, 저 역시 사교육에 올인하는 사회 분위기로부터 자유롭지 못합니다. 아빠들끼리 모여서 이야기를 하다 보면 "자식만 아니었으면 삶의 퀄리티가 훨씬 높아졌을 것"이라는 농담 아닌 농담이 빠지지 않고 나오는데요, 자녀의 교육을 위해서 많은 부모들이 희생하고 있는 것이죠.

문제는 아이들은 부모의 의도와는 다르게 생각하고 예상치 못한 방향으로 자란다는 겁니다. 예전에 TV에 한 변호사가 나와서 한 이야기가 무척 인상 깊었습니다. 3~4살짜리 아들 둘을 데리고 단기간 미국 유학을 다녀왔는데, 중학생이 된 현재, 아이들은 그 사실 자체를 기억하지 못한다는 겁니다. 영어요? 당연히 못한대요. 제 친한 친구도 미국에서 태어나서 4살까지 살다가 귀국했는데, 영어, 저보다 조금 잘하는 정도입니다. 한 가지 사례를 더 이야기하자면, 해외 명문 보딩스쿨에 다니는 학생들 중엔 "엄마·아빠가 우리를 여기다가 버렸다!"라며 서러워하는 경우도 있다고 합니다. 부모로선 아이에게 엄청난 비용과 시간을 투자한 것인데, 그야말로 사교육의 함정이자 배신인 셈입니다.

받은 만큼 베풀 줄 알았던
자수성가형 작곡가

그런 의미에서 오늘은 사교육과는 전혀 무관한, 자수성가형 작곡가 이야기를 해보려고 합니다. 요하네스 브람스(1833~1897년)인데요, 독일의 아주 유명한 음악가지요. 브람스는 콘트

라베이스 주자인 아버지에게 음악의 기초를 배워 14살 때부터 작곡을 시작했는데, 집안 형편이 어려워서 어린 시절부터 연주로 돈벌이를 해야 했습니다.

다행히 브람스는 1853년, 인생의 은인을 만납니다. 바로 로베르트 알렉산더 슈만(1810~1856년·독일)이죠. 당대의 작곡가로 널리 이름을 떨치고 있던 슈만은 한눈에 젊은 청년의 재능을 알아봤고, 물심양면으로 지원합니다. 여기에 본인의 지독한 노력이 더해져 훗날 브람스는 바흐, 베토벤과 더불어 '3B'로 불리는 거장이 됩니다.

브람스는 당대의 주류 작곡가들과는 다른 행보를 보입니다. 정말 많은 사람들이 좋아하던 '집시들의 연주와 멜로디'에 관심을 쏟았고, 〈헝가리 무곡〉 시리즈라는 엄청난 역작을 만들어냅니다. 그러나 많은 음악가들은 그를 비난하기 바빴습니다. '저급한 집시들의 음악을 베꼈다'는 거죠. 하지만 대중들은 이 곡을 무척 사랑했고, 덕분에 브람스의 위치는 더욱 공고해졌습니다.

또한 브람스는 '받은 만큼 베풀 줄 아는 작곡가'였습니다. 그 자신이 슈만의 도움으로 승승장구했듯, 자신도 안토닌 드보르자크(1841~1904년·체코)라는 불세출의 작곡가를 발굴해냈죠. 앞에서 얘기했듯이, 드보르자크는 유럽의 변방 체코의, 그것도 보잘것없는 정육점집 출신이라 주류 음악계에서 무시를 당하던 인물이었습니다. 훗날 드보르자크가 자신의 고향인 체코의 민속 선율을 바탕으로 〈슬라브 무곡〉이라는 명곡을 쓰게 된 것도 브람스의 조언 덕분이었습니다.

가끔 경영자들의 모임에 강의를 갑니다. CEO들이 많이들 하는 이야기가, 엘리트 코스를 거친 직원보다 의외의 경력을 지닌 직원들이 훨씬 도전적이고 창의적인 경우가 많다는 겁니다. 공식이 있는 삶이 아니라 계속 치고 올라가야 하는 삶을 살았기에 새로운 것을 볼 수 있는 넓은 시야를 가졌기 때문이겠지요.

여러분은 어떻게 아이를 키우실 건가요? 브람스의 〈헝가리 무곡〉 시리즈 중 가장 많은 사랑을 받은 5번을 감상하며, 고민해보세요. 이 곡, 아마 처음 듣는 분은 없으실 겁니다.

〈헝가리 무곡〉 5번을 인터넷에서 검색하면 수없이 많은 음원과 음반이 나옵니다. 그중 클라우디오 아바도(1933~2014년·이탈리아)의 지휘에 베를린필하모닉의 연주라면 믿고 들어볼 만한 음반이라고 생각합니다.

행복하고 평온한 가정을 꿈꾸며

● 바흐 〈미뉴에트 G장조〉 CD.13

얼마 전에 신문 기사를 보니 부모에는 여러 유형이 있더군요. 죽을 때까지 행복한 부모, 80세까지 행복한 부모, 60세까지 행복한 부모, 40세까지 행복한 부모……. 여러분은 어떤 부모가 되고 싶으신가요?

기사에 따르면, 40대까지만 행복한 부모는 '아이의 학벌을 위해 모든 것을 바치고', '명문대 합격과 안정적인 직장 만들어주기에 올인'합니다. 그렇게 자녀를 명문대에 보내게 되면 한때 우쭐하지요. 하지만 이미 과도한 사교육비로 가정 경제는 파탄이 난 상태입니다. 게다가 그런 부모 밑에서 자란 자녀들은 결혼 이후에도 끊임없이 손을 벌리기 마련이라 부모는 40대 이후 죽을 때까지 힘겨울 수 있습니다.

기사를 보면서 저도 다시 한 번 제 자신을 돌아봤습니다. 죽을 때까지 행복한 부모가 될 수 있을까? 아이를 영어, 수학, 미술, 수영, 태권도 학원에 보내는 입장에서 솔직히 자신이 없더군요. 그래서 하루는 아이와 심도 있는 대화를 나눠봤습니다.

"뭐가 젤 좋니?"

아들은 태권도와 수영은 좋다고 하더군요. 미술도 좋고요. 영어는 학원에서 친구들과 어울리는 것은 좋은데, 숙제는 조금 어렵답니다. 확인해보니 어렵긴 어렵더군요. 그래도 글로벌 시대인데……. 아들아, 미안하다. 이건 견디렴~.

아이가 정말 힘들어하는 부분은 수학이었습니다. 제가 봐도 머리를 써야 풀 수 있는 내용이더군요. 물론 제가 수학 쪽 머리가 발달한 사람은 아니라는 것은 인정합니다. 바로 학원을 중단시켰습니다. 그 학원은 그런 문제를 '즐겁게 푸는 아이들'이 다녀야 한다는 생각이 들었으니까요. 사람은 소질이 다 다르잖아요? 수학을 잘하는 아이, 어학에 소질 있는 아이, 예술 쪽에 관심 있는 아이……. 가장 중요한 것은 '아이가 즐거워야 하는 것'이잖아요.

부모의 역할도 그런 것이겠죠. 아이의 자립심을 길러주면서 행복한

156

시간을 최대한 많이 만들어주는 것. 그래야 아이는 물론이고 부모 역시 죽을 때까지 행복할 수 있을 겁니다.

가정에서도 음악에서도
완벽했던 바흐

그렇다면 평생 행복했던 음악가는 누구였을까요? 행복의 기준이 무엇인지 저는 아직 잘 모르지만, 가족과 죽는 날까지 무탈하게 지낸 음악가로는 요한 제바스티안 바흐(1685~1750년·독일)를 꼽을 수 있습니다.

바흐는 다들 아시다시피 바로크 음악의 거장이자 '음악의 아버지'라고 불리는 위대한 음악가입니다. 바로크 시대의 음악인들이 그랬듯 귀족의 궁정에서 월급을 받으면서 생활하는 음악가였는데, 65세로 세상을 떠나기 전까지 무려 1000여 곡에 달하는 작품을 남겼습니다.

그렇다고 그의 삶이 평탄했던 것은 아닙니다. 부모님이 모두 일찍 돌아가셔서 겨우 10살에 고아가 되었고, 그의 첫 번째 부인은 갑작스러운 병으로 젊은 나이에 세상을 떠났습니다. 다행히 두 번째 부인을 만나 행복한 가정을 꾸렸는데, 자식이 많다 보니 늘 돈에 쪼들렸습니다. 바흐의 자녀가 몇 명이었는지에 대해서는 여러 가지 설이 있는데, 두 명의 부인에게서 20명이 넘는 자녀를 봤다는 의견도 있습니다.

한번은 궁정 상사에게 보낸 편지에 "나는 자식이 많고 한 달 생활비는 어느 정도인데, 지금의 월급으로는 도저히 살 수가 없다. 월급을 올려주지 않으면 다른 직장을 알아보겠다"고 쓰기도 했습니다. 아주 평범한 아버지이자 가장이었던 셈이지요.

생활고에 시달렸지만 바흐는 가정에서 항상 평온한 모습을 유지했고, 자녀들 역시 훌륭한 음악가로 키웠습니다. 자녀들, 부인과 함께 가족음악회까지 열고 했으니, 훌륭한 가장이자 행복한 가장이었다고 할 수 있겠지요. 여기엔 두 번째 부인인 안나 막달레나의 공이 큽니다.

그녀는 바흐를 위해 헌신한 아내로 묘사되는데요, 남편의 작품을 필사해 여러 곳에 보냈다고 합니다. 남편의 위대함을 알리기 위해서였죠. 그런 아내를 위해 바흐는 〈안나 막달레나를 위한 작은 음악수첩〉이라는 모음곡을 작곡합니다. 그중 가장 유명한 곡이 바로 〈바흐의 미뉴에트〉라고도 불리는 BWV Anh.114인데요, 〈사랑의 콘체르토〉라는 이름의 곡으로도 편곡되어 널리 알려진 곡입니다.

사랑하는 아내와 가정을 위해 작곡한 음악이라…… 행복하고 평온한 가정에서 나올 수 있는 최고의 음악 유산이겠죠?

추천음반

워낙에 많은 버전의 편곡은 물론, 수십 수백 개의 명반들이 넘쳐나는 명곡입니다. 딱 '이 음반이 명반이다!'라고 말할 수 없을 정도지요. 친한 연주자들과 3중주로 음반에 수록해보았습니다.

임신 **35**주 차

잠 못 들고 뒤척이는 밤

● 드뷔시 〈달빛〉 CD.5

하루가 다르게 몸이 무거워질 때입니다. 불어난 배 때문에 숙면을 취하기도 어렵고요. 오늘은 꿈꾸듯 아름다운 음악을 한 곡 소개할까 합니다. 바로 드뷔시의 〈달빛〉입니다. 깊은 밤 잠에서 깨어나 다시 잠들기 어렵다면, 이 곡을 들어보세요.

원제목은 〈Clair de Lune〉. 직역하자면 '엷은 초록빛 달' 정도가 됩니다. 우리나라에서는 베토벤의 소나타 14번이 〈월광〉이라는 명칭으로 통용되기에(베토벤이 붙인 이름은 아닙니다), 드뷔시의 곡은 〈달빛〉이라는 이름으로 불립니다.

이 곡은 아주 여리게 시작되는데요, 몽롱한 화성과 소프트 페달을 매우 많이 사용하는 것으로 유명합니다. 특히 소프트 페달은 그렇지 않아도 부드러운 곡에 더 부드러운 연주 효과를 줘 듣는 이로 하여금 정말 꿈속에 빠져 있는 듯한 착각이 들게 합니다.

소프트 페달이 뭐냐고요? 피아노는 강철로 된 현을 부드럽지만 단단하게 압축된 펠트가 때려서 소리를 내는 타현악기입니다. 그런데 소프트 페달을 밟으면 해머가 $5mm$ 정도 옆으로 이동하면서 상대적으로 부드러운 부분이 현에 닿기 때문에, 평소보다 훨씬 부드러운 소리를 내게 됩니다. 드뷔시는 이러한 효과를 적절히 이용해서 이 곡을 작곡했습니다.

몽환적인 선율을
더 부드럽게

인상파 음악의 대표적 작곡가인 클로드 아실 드뷔시(1862~1918년·프랑스)는 몽환적인 화음과 세련된 멜로디는 물론 악보에 아주 세세하게 연주 방법을 지시한 것으로 유명한데요, 〈달빛〉의 악보를 보면 정말 자질구레할 정도로 많은 말들이 쓰여 있습니다. 여기선 소프트 페달을 밟고, 저기서는 다시 페달을 떼라, 이 부분은 사라지듯이, 점점 느리게 등 일반적인 음악용어는 물론 개인적인 의견까지 악보에 자세하게 기록하여서 연주자가 어떻게 연주해야 할지 많은 부분을 알려주고 있습니다.

요즘에야 워낙 다양한 악기들이 나와 있고 전자악기들이 특별한 소리를 쉽게 만들어내는 터라 피아노의 소프트 페달은 그리 주목을 끌지 못할 수도 있습니다. 그러나 드뷔시의 〈달빛〉만큼은 소프트 페달의 효과가 극명하게 드러나는 곡입니다. 아름다운 선율을 더 아름답고 몽환적으로 만든다고나 할까요. 여러분의 뒤척이는 밤도 편하게 만들어줄 겁니다.

추천음반

이 곡 역시 너무나 유명한 곡이기에 많은 연주자들이 녹음을 남겼습니다. 데카에서 발매된 파스칼 로제(1951~ · 프랑스)의 연주는 다양한 음색의 스펙트럼을 보여줍니다. 제가 연주한 곡을 CD에 수록했습니다. 즐겁게 감상해주세요.

너를 생각하면 마음이 설레

● 아당 〈오, 거룩한 밤!〉 / 그루버 〈고요한 밤, 거룩한 밤〉 CD.19

이제 아기를 만나기 한 달 전, 가까운 지인들이 출산 선물을 주기 시작하는 때입니다. 보통 옷이나 기저귀, 육아용품 등 다양한 선물들을 받게 되는데요, 오늘은 제 경험담을 이야기해보려고 합니다.

우선, 옷부터 살펴볼까요? 미리 사주려는 지인이 있다면, 태어나자마자 입힐 수 있는 영아용 옷보다는 조금 컸을 때를 대비해서 다양한 사이즈를 부탁하는 것이 좋습니다. 사실 저도 옷 선물을 정말 많이 받았는데, 아이가 생각보다 금방 자라서 신생아용 옷은 얼마 입히지도 못했습니다. 게다가 영아 때는 쉴 새 없이 기저귀를 갈아주느라 아이가 뭘 입고 있는지도 잘 모릅니다. 사진 찍어놓은 것을 시간이 한참 흐른 뒤에 보고 나서야 '아, 저 시절에 저런 옷을 입었구나' 하고 기억할 뿐이지요. 반면 선물 받은 후 2~3년 지나서 옷을 입힐 때는 더 인상에 남는 경우도 있었습니다.

기저귀는 정말 쌀만큼이나 중요한 생활필수품입니다. 예비엄마의 성향이나 아이의 피부가 어떤지에 따라서 미리 알아보고 종류를 골라야 할 경우도 있습니다. 저는 수입 제품을 쓰다가 '도대체 이게 국내산이랑 뭐가 다른 거지?' 하면서 국산으로 바꾼 케이스입니다. 아이가 금방 적응하더라고요.

아! 그리고 아이에게 발진이 난다고 해서 기저귀를 즉시 교체하진 마세요. 사람은 적응하는 동물이기에, 어느 정도 시간이 지나면 발진이 사라지는 경우도 많습니다. 하나 썼다가 발진 난다고 나머지를 모두 버리면, 낭비잖아요? 그리고 사이즈가 다 다르니까 단계별로 낭비하는 일 없이 수량을 잘 조절하는 센스도 필요합니다. 영아 때는 아이가 너무 빨리 크기 때문에 전달에 산 기저귀를 못 쓰고 다시 새로운 사이즈를 사야 하는 경우도 있으니까요.

무엇보다 영아 시절엔 하루에 10~20번씩 기저귀를 갈아주는 일이 예사입니다. 심한 경우엔 응가를 하자마자 기저귀를 갈아입히고 밴드를 채워주는데 다음 응가가 나오는 경우도 많아요. 새 기저귀를 입히고 밴드를 채우려는 찰나에 제 얼굴에 쉬야를 한 경우도 몇 번 있었답니다. 그때 기억을 더듬어보니 진짜 '내 새끼니깐 그 일을 다 했지!!' 하는 생각이 드네요.

자동차를 운전한다면 카시트가 필요하겠지요? 처음 구매할 때는 신생아용 패드가 있는 유아용 제품을 사는 것이 더 좋다는 생각입니다. 물론 영아 때는 엄마가 아이를 꼭 안고 타기 때문에 카시트를 사용할 일이 거의 없습니다. 저 역시 아이가 3~4살 되어서야 본격적으로 사용했는데요, 아이가 잠이 들면 눕히는 용도로 잘 썼습니다.

그리고 보행기, 그네, 모빌 등 다양한 물건들이 필요한데요, 구태여 기능이 많고 비싼 전자식 제품을 살 필요는 없습니다. 생각보다 효용성이 떨어지거든요. 아이들이 그걸 조작하면서 잠시 즐거워하긴 하지만, 그 스위치 위에 젖 먹다가 흘리고, 침 질질 흘리고, 이유식도 흘리고, 그러다 보면 금방 고장이 납니다. 저 역시 그것을 다 분해해서 고치느라 난리도 아니었던 기억이 납니다.

아들이 사용한 유아용품 중에서 가장 오래 사용한 건 '보행기'였습니다. 혹자는 보행기를 많이 쓰면 걷는 게 느리다느니 그런 말을 하는데요, 때가 되면 다 걷고 뜁니다. 저는 아들이 보행기를 탄 채로 마구 마구 뛰어다니는 모습이 어찌나 귀엽고 신기했는지 모르겠네요.

이렇게 출산용품을 준비하는 이야기를 하다 보니 '탄생 축하 선물'이라는 단어가 떠오릅니다. 누군가의 탄생을 축하하기 위해 많은 예술 작품들이 만들어졌는데요, 그중 클래식 음악에선 아기 예수의 탄생을 축하하기 위해 가장 많은 곡이 쓰였습니다. 바로 캐럴이지요.

세상에서 가장 유명한
탄생 축하곡

캐럴은 중세 프랑스의 무곡에서 파생된 종교적 노래로 16세기 중엽부터 '크리스마스 노래'를 뜻하게 되었는데요, 오늘은 아돌프 아딩(1803~1856년·프랑스)이 작곡한 〈오, 거룩한 밤!Oh Holy Night〉'에 대해서 이야기해보겠습니다. 요즘 대중가수들도 많이 부르는 곡이죠.

아당은 프랑스 출신의 작곡가입니다. 로맨틱 발레 〈지젤〉로 유명하죠. 그가 활동한 1800년대 중후반은 낭만주의 음악 시대로, 프레데리크 프랑수아 쇼팽(1810~1849년·폴란드)과 프란츠 폰 리스트(1811~1886년·헝가리) 같은 기교주의적인 연주가 겸 작곡가들과 파블로 데 사라사테(1844~1908년·스페인) 등 비르투오소[*]들이 활약했습니다. 가극, 오페라 등 극음악이 매우 발달하던 시기이기도 한데, 아당은 극음악에 관심이 많았습니다. 파리국립음악원에서 갈고닦은 실력으로 다양한 발레음악과 오페라음악을 작곡했죠.

그런데 아당이 1847년 이 곡을 작곡했을 때는 굉장히 비난을 받았습니다. 〈오, 거룩한 밤!〉의 노랫말을 쓴 작사가 '플라시드 카포'가 종교를 버리고 사회주의로 돌아섰기 때문이죠. 하지만 아름다운 멜로디와 극적인 곡의 흐름은 많은 사람들에게 사랑을 받게 되었고, 얼마 지나지 않아서 매우 유명한 캐럴 중 한 곡으로 자리매김을 하게 되지요. 현대에도 정말 많은 장르의 음악가들이 편곡하고 연주하고 있는데, 그야말로 '클래식의 범주를 뛰어넘은' 곡이라고 할 수 있습니다.

캐럴을 꼭 성탄절에 들어야 하는 건 아니라고 생각합니다. 출산을 앞두고 듣는 캐럴, 내 아이의 탄생을 기다리며 듣는 음악은 분명 의미가 있으니까요. 아! 또 하나의 유명한 캐럴이 있죠? CD에는 프란츠 그루버(1787~1863년·오스트리아)의 〈고요한 밤, 거룩한 밤〉을 제가 편곡해서 수록했습니다.

[*]virtuoso: 연주 실력이 매우 뛰어난 대가를 일컫는 말

〈오, 거룩한 밤!〉은 다양한 연주자들의 연주를 추천해보고자 합니다. 가수 소향이 TV 프로그램인 〈나는 가수다〉에서 부른 버전, 그리고 머라이어 캐리의 버전은 소위 '돌고래 초음파'로 불리는 엄청난 고음가성이 나옵니다. 성악가 루치아노 파바로티(1935~2007년·이탈리아)와 플라시도 도밍고(1941~·스페인)의 듀엣 버전도 무척이나 유명합니다.

출산 과정이 두려워질 때

● 앤더슨 〈워털루 전투〉 CD.8

얼마 전 아들과 단둘이 중국 베이징으로 여행을 다녀왔습니다. 그곳에서 베이징대 의대 교수를 만나서 이런저런 좋은 말씀을 많이 들었는데, "한국 사람들은 모두 자기가 의학박사인 줄 안다"는 이야기가 무척 인상 깊었습니다. 물론 반쯤은 농담이 섞인 이야기였어요. 몸이 이상하면 병원에 가는 게 아니라 인터넷을 찾아보면서 자가 진단을 내리고, 직접 해결하려고 하다가 낭패를 보는 경우가 종종 있음을 지적한 이야기였지요. 제아무리 똑똑하고 검색을 잘한다 해도 그 분야를 최소 10년 이상 공부한 의사보다 잘 알 수는 없잖아요.

특히 임신 9개월이 넘으면 예정일과는 상관없이 언제든지 출산할 수 있으므로, 몸에서 보내는 작은 신호 하나라도 무시하지 말고 바로바로 병원에 찾아가는 것이 중요합니다.

저 역시 예정일을 한 달 가까이 남겨놓고 있던 어느 날 아침, 잠자리에서 일어난 아내가 못 보던 것이 비친다는 거예요. 바로 병원에 갔더니 양수가 터졌다고 해서 입원시켰는데, 겨우 4시간 뒤에 아빠가 되었습니다. 지금 생각해보면 그날 바로 병원에 가지 않았다면 어떤 일이 벌어졌을까, 가슴을 쓸어내리게 됩니다.

출산 과정을 생각해보면, 전쟁과 닮은 꼴인 것 같습니다. 물론 출산은 오랫동안 설레는 맘으로 준비해온 일이긴 하지만, 양수가 터지는 그 순간만큼은 누구나 급작스럽고 당황스러우니까요. 그런 의미에서 오늘은 앤더슨(1882~?·영국)의 〈워털루 전투〉를 소개해봅니다.

전쟁을 그렸지만 심각하지도, 어렵지도 않아

앤더슨은 전쟁에서 일어나는 다양한 상황을 음악으로 나타냈습니다. 전투가 벌어질 워털루를 향해 군가를 부르며 씩씩하게 행진하는 프랑스군과 영국, 프로이센 연합군의 모습으로 시작해 강렬한 베이스 음으로 대포 소리를 표현하기도 했고, 전투가 시작되고 양측 군사가 진격하는 장면에서는 서로 다른 느낌의 멜로디로 상황을 묘사했지요. 또한 프랑스군이 퇴각하는 모습은 하향하면서 쏟아지는 멜로디와 빠른 알베르티 베이스* 진행으로 그려냈습니다. 휴전 나팔 소리에 이은 환호, 모든 것이 끝난 뒤 참혹한 전선의 슬픔도 담아냈습니다.

전쟁을 그린 곡이긴 하지만, 절대 심각하지 않습니다. 연주 시간도 3분 정도밖에 되지 않고, 기교상으로도 어렵지 않습니다. 오히려 기교적으로 쉬운 편에 속하는 곡이라 유명 연주자의 음반 역시 많이 나와 있지 않습니다. 아마 많은 예비엄마들께서 어린 시절 피아노 학원에서 익혀본 곡일 거예요. 앤더슨은 이 곡의 부분부분에 어떤 상황을 표현한 건지, 어떤 느낌으로 연주해야 하는지를 자세히 명기했습니다.

그런데 보통 이 곡을 많이 접할 나이인 초등학교 시절에는 워털루

---

* Alberti bass: 고전 시대의 반주법. 왼손 반주 부분의 화음을 깨뜨리고 짧은 음들을 끊임없이 단순하게 반복함으로써 주제가 되는 선율을 더욱 두드러지게 하는 기법

전투에 대해서 잘 알지도 못할뿐더러 '전선으로의 전진'이라는 간단한 단어도 잘 이해하지 못해 아무 생각 없이 연주하는 경우가 많습니다. 저 역시 '전선', '퇴각'이라는 단어를 정확하게 이해하지 못하고 이 곡을 배웠으니까요. 하지만 어른이 되고 워털루 전투와 관련된 다양한 지식을 쌓고 나서 이 곡을 접하니 새로운 느낌이 들더군요. 여러분도 각 상황을 생각하면서 감상해보면 좋을 것 같습니다.

피아노 학원에서 자주 연주될 정도로 쉬운 곡이다 보니 음반이 낳지가 않습니다. 제가 직접 연주한 음원을 CD에 수록했습니다.

온갖 생각으로 머릿속이 복잡해

● 존 케이지 〈4분 33초〉

이제 정말 고지가 멀지 않았습니다. 아빠의 입장에서는 처음 임신 사실을 알았을 때만큼이나 긴장되고, 별의별 생각이 다 들기 시작합니다. 물론 엄마는 더 심각하겠죠. 그런데 너무 걱정하지 마세요. 닥치면 누구나 하게 되어 있고, 무엇보다 어떤 준비를 해놓는다 해도 계획대로 진행되는 경우는 거의 없으니까요.

그래서 이번에는 뭐라고 딱 정의하기 어려운 현대음악에 대하여 소개해보려고 합니다.

현대 이전의 음악사를 한마디로 정의하자면, 르네상스 시대부터 단성음악→다성음악→화성음악 등으로 어느 정도 규칙적으로, 예측

가능한 방향으로 발전해왔다고 할 수 있습니다. 그러다 20세기에 들어서면서 정말 신기한 음악들이 나오기 시작합니다. 아널드 쇤베르크(1874~1951년·오스트리아)의 '무조음악'은 조성을 느끼지 못하게 만들어졌는데, '유럽 클래식을 이끌어나갈 혁신적인 음악 이론'이라는 평을 들으며 교과서에 등장하게 됩니다. 이고리 스트라빈스키(1882~1971년·러시아)의 '원시주의 음악'은 당대 관객들이 난동을 일으킬 정도로 화음과 리듬이 충격적이고요. 그래도 뭐니 뭐니 해도 현대 음악의 절정은 존 케이지(1912~1992년·미국)의 〈4분 33초〉입니다.

연주 대신 오로지 청중의
웅성거림, 소란, 분노뿐

이 곡의 초연 무대에서 피아니스트는 4분 33초간 악보를 노려보기만 하다가 퇴장합니다. 당연히 관객들은 당황했겠죠. 처음엔 '무슨 일인가' 웅성대다가 나중엔 분노를 표출합니다. 그런데 정작 작곡가인 존 케이지는 태연하게 말합니다.

"1악장에선 청중의 웅성거림, 2악장에선 청중의 소란, 3악장에선 청중의 분노를 들었다."

상식적으로 보면 정말 이게 무슨 헛소리인가 싶은데, 이 곡은 현존하는 모든 음악사 책에 기록될 정도로 가치 있는 작품으로 평가받고 있습니다. 저 역시 무대에서 이 곡을 관객들에게 해설한 후 잠시 비슷한 상황을 연출해본 적이 있는데요, 단 몇 초가 그렇게 길게 느껴진 것은 군대 이후 처음이었답니다. 이처럼 누군가에겐 짜증나고 당황스러운 순간이 역사적인 일로 기록될 수 있다니, 참 아이러니합니다.

한 가지 더 흥미로운 사실은, 이 곡이 세계적인 아티스트 백남준(1932~2006년·한국)에게도 엄청난 영향력을 끼쳤다는 것입니다. 일본 도쿄대 졸업 후 다시 독일 뮌헨으로 유학을 떠난 백남준은 1958년, 그보다 20살 많은 존 케이지를 만납니다. 그리고 〈4분 33초〉 공연을 접한 뒤 그를 평생의 스승으로 삼았죠. 〈존 케이지에 대한 경의〉, 〈피아노포르테를 위한 연습곡〉 등 스승에게 바치는 작품도 여럿 발표했고요. 스승에 대한 존경심을 백남준은 이렇게 표현했습니다.

"내 삶은 1958년 8월 다름슈타트에서 시작됐다. 그를 만나기 전 해인 1957년이 내게는 기원전(B.C.) 1년이다."

현대음악은 태교음악 감상용으로 추천하기가 조심스럽습니다. 너무 난해하고 복잡하기 때문이지요. 그래도 클래식 음악 중 이런 곡도 있다는 것을 알아두시면, 나중에 아이가 자랐을 때 도움이 되겠지요?

아이와 처음 만나는 순간

● 베토벤 〈교향곡 9번_합창〉

요즘에는 출산 과정 중에 산모가 원하는 음악을 틀어주는 병원이 있다고 합니다. 편안한 분위기를 만들어주는 데는 음악만 한 것이 없으니까요.

제 아들이 태어날 때(7년 전)는 그런 병원이 있다는 이야기 자체를 들어보지 못했습니다만, 최근 트렌드 이야기를 듣고는 만약에 제가 '어떤 음악을 원하느냐'는 질문을 받게 된다면 어땠을까, 생각을 해봤습니다.

아기가 세상에 나와서 처음 듣는 소리, 엄마 배 속에서 듣던 소리와는 다른 소리라고 생각하니 대략 두 종류로 나뉘더군요. 우선 고급

마사지숍에 어울리는 편안한 느낌의 음악이 떠올랐습니다. 목관악기 소리가 감미롭게 울려 퍼지는 음악이 딱 어울리겠죠. 또 하나는 인간이 만들어낸 음악 중 가장 발전된 형태라고 일컬어지는, 동시에 여러 음이 어우러지는 다성음악에서 더 발전한 화성음악이 이에 해당하겠죠.

청력을 잃은 후에 탄생한
'인류 최고의 문화유산'

화성음악의 완성자는 루트비히 판 베토벤(1770~1827년·독일)입니다. 그는 화성음악을 대표하는 프란츠 요제프 하이든(1732~1809년·오스트리아), 볼프강 아마데우스 모차르트(1756~1791년·오스트리아)와 함께 빈 고전악파를 이끌었고, 30대 중반 이후에는 청력을 상실합니다. 그러나 귀가 들리지 않는다는 것이 그에게는 장애가 되지 않았습니다. 귀가 들리지 않았기에 더욱 다양한 상상력을 동원해 작곡에 임했죠. 실제로 베토벤의 후기 음악은 고전의 완성이자 낭만파 음악의 시초로 평가받고 있습니다. 저 역시 하이든이나 모차르트의 작품은 초기와 후기를 구분하기 쉽지 않은데, 베토벤의 경우는 단번에 구별할 수 있습니다.

베토벤 후기 작품의 최고봉은 단연 〈교향곡 9번_합창〉입니다. 당시 베토벤은 최고의 작곡가로 추앙받고 있었고, 재산도 넉넉했습니다. 다만 귀머거리라는 구설에 시달리고 있었죠. 그럼에도 불구하고 그는 무엇이 더 진보한 음악인가에 대해 끊임없이 고뇌했고, 그 물음 끝에 인류 최고의 문화유산으로 일컬어지는 대곡을 작곡합니다.

〈카핑 베토벤〉이라는 영화에서 베토벤은 이 곡의 초연에서 직접 지휘를 합니다. 사실과는 다른, 그야말로 영화적 설정입니다. 당시 베토벤은 객석에 앉아 동료 지휘자가 연주하는 장면을 지켜봤다고 합니다.

이 곡의 구성은 특별합니다. 일반적인 교향곡의 구성인 '빠른 악장-느린 악장-춤곡 악장-빠른 악장'의 틀을 과감히 깼습니다. 대신 느리고 장중한 첫 악장, 뒤통수를 치는 듯 생동감 넘치는 2악장 스케르초, 천국처럼 아름다운 3악장 아다지오, 그리고 '환희의 송가'가 삽입된 칸타타가 대미를 장식합니다. 기존의 교향곡과는 전혀 다른 구성이죠. 덕분에 기존 교향곡과는 차원이 다른 깊은 감동을 안겨줍니다.

아이가 세상과 처음 만나는 순간, 엄마·아빠와 처음으로 인사하는 순간, 그 경이롭고 아름다운 순간에 이만큼 어울리는 곡이 또 있을까 싶습니다. 제가 만약 둘째 아이를 보게 된다면, 이 교향곡의 4악장을 틀어달라고 할 것 같습니다. 여러분은 영원히 기억될 바로 그 순간에 어떤 음악을 듣고 싶으신가요?

워낙 유명한 곡이라서 음반을 출시하지 않은 유명 오케스트라가 거의 없을 정도입니다. 저는 헤르베르트 폰 카라얀(1908~1989년·오스트리아)이 지휘하는 베를린필하모닉의 음반과 레너드 번스타인(1918~1990년·미국)이 지휘하는 뉴욕필하모닉의 음반을 가지고 있는데, 둘 다 명불허전이라는 표현이 맞는 명반입니다. 그중 하나만 선택하라고 한다면, 저는 카라얀의 손을 들어주고 싶습니다. 한 치의 오차도 없는 지극히 독일스러운 카라얀의 음반이 더 베토벤스럽게 들리는 건, 베토벤이 독일 사람이었기 때문일까요?

임신 **40**주 차

평화로운 출산을 기원하며

● 동요 〈노을〉 CD.20

이 책의 첫 곡을 무엇으로 할지 고민하던 게 엊그제 같은데, 벌써 마지막 곡을 쓰게 됐습니다. 시간이 이토록 훌쩍 지나갈 줄은 몰랐습니다. 일이 많은 깃도 있지만, 아이 키우다 보면 시간 가는 줄 모른다는 어른들 말씀이 와 닿는 요즘입니다.

이 책에 소개된 곡들은 대부분 제 아이가 세상에 나오기를 기다리던 시절의 기억을 더듬으면서 선별한 음악들입니다. 나머지는 아들과 즐거운 시간을 보낸 기억, 아빠 입장에서의 육아에 대한 고민들을 정리하면서 선곡한 것들이고요.

어찌 보면 아들에게 감사해야 할 것 같습니다. 그동안의 기억을 되

살리다 보니 그동안 제가 아빠로서 잘 살아왔는지 되돌아보게 되었으니까요.

아이가 태어난 순간, 정말 기뻤습니다. 탯줄을 잘라주면서 펑펑 울었던 기억도 납니다. 인생을 살면서 흘린 눈물 중 가장 값진 눈물이었습니다. 한 달간의 산후조리(아빠들에게는 마지막 휴가라는 우스갯소리도 있지요)를 거쳐 돌잔치를 할 때까지는 시간이 어떻게 갔는지 모를 정도로 정말 정신없이 보냈습니다. 2~3살이 되자 아이는 너무나도 씩씩하게 자랐고, 여기저기 데리고 다녔는데 뜬금없이 울어대는 바람에 고생도 많이 했습니다. 지금 생각해보면 다 미소를 짓게 만드는 추억입니다.

후회되는 일도 있습니다. 아이에게 불필요한 값비싼 장난감, 유모차, 명품 옷을 왜 사줬는지 모르겠습니다. 그 비싼 장난감의 절반은 쓰레기통으로 갔고, 아이가 너무 빨리 자라서 한두 번밖에 못 입힌 옷이 수두룩합니다. 부디 여러분은 저와 같은 실수를 저지르지 않는, 현명한 부모가 되길 바랍니다.

마지막 곡은 부모가 되실 예정이거나, 이미 부모가 되신 분들을 위해서 동요를 하나 편곡해보았습니다. 아마 이 책을 읽으시는 독자 대부분은 20대 후반에서 30대 후반일 것이라는 가정하에 어린 시절 많이 들어봤을 법한 동요를 찾아봤습니다. 바로 〈노을〉입니다.

바람이 머물다 간 들판에
모락모락 피어나는 저녁연기
색동옷 갈아입은 가을 언덕에
빨갛게 노을이 타고 있어요

허수아비 팔 벌려 웃음 짓고
초가지붕 둥근 박 꿈꿀 때
고개 숙인 논밭의 열매
노랗게 익어만 가는

가을바람 머물다 간 들판에
모락모락 피어나는 저녁연기
색동옷 갈아입은 가을 언덕에
붉게 물들어 타는 저녁놀

새 생명과 함께 '가을바람이 머물다 간 들판'처럼 평화로운 가정을

이루시길 빕니다. 즐겁게 들어주시고, 행복한 엄마, 행복한 아빠가 되
시기를 진심으로 기원합니다.

아가야, 지금 이 음악 듣고 있니?

발 행 초판 1쇄 2016년 11월 1일
지은이 권순환

발행인 윤재훈·박기출
편집장 류현아
디자인 행복한물고기 HappyFish
일러스트 이성미(blog.naver.com/s22love)
교 열 김화선
마케팅 김찬완·전진형
홍 보 이선유

펴낸곳 ㈜알피스페이스
출판등록 제2012-000067호(2012년 2월 22일)
주 소 서울시 강남구 삼성동 163-3
문 의 02-550-8228
블로그 the_denstory.blog.me
ISBN 979-11-85716-47-3 13590
값 14,000원
KOMCA 승인필

Denstory는 ㈜알피스페이스의 출판 브랜드입니다. 파본이나 잘못된 책은 구입하신 곳에서 바꿔드립니다.

이 도서의 국립중앙도서관 출판예정도서목록(CIP)은 서지정보유통지원시스템 홈페이지 (seoji.nl.go.kr)와 국가자료공동목록시스템(www.nl.go.kr/kolisnet)에서 이용하실 수 있습니다. (CIP제어번호 : CIP2016024276)